産経NF文庫
ノンフィクション

自衛隊だけが日本を救える

「自己完結組織」の実力がわかる本

菊池雅之

潮書房光人新社

文庫版のまえがき

中国による覇権主義的海洋進出、北朝鮮によるたび重なる弾道ミサイル発射、そしてウクライナへの電撃的侵攻に加えて、冷戦期に匹敵するほど極東地域で活発化するロシア軍――。日本は世界でも有数の〝危機〟の中にある国である。

そんな日本を守るのが、陸海空自衛隊だ。最新鋭ステルス戦闘機やイージス艦、戦車や装甲車など、世界最高峰の正面装備を揃えている。これらは戦うための〝道具〟でしかない。最新装備を支えるロジスティック体制が確立しなければ、戦いたくとも戦えない。それは整備や補給という話だけでなく、武器を取り扱う人間も含めてしっかりと支援するということであり、食事や水、トイレに洗濯といった細部にわたるサポートだ。

戦闘からこうした支援まですべて自分たちでできる組織のことを自己完結型組織と呼ぶ。これができるのは日本では自衛隊しかない。警察や消防、海上保安庁も同様に、日本の安全保障の一翼を担い、地域の安心安全を守る存在であるが、ロジスティックスな部分は民間等に頼っている。

これこそ自衛隊が災害派遣に強い理由だ。

では、世界中の軍隊が、どの国も災害派遣に強いかと言えば実はそうでもない。諸外国軍の場合、ミリタリーオペレーションの中で、かなりのアウトソーシング化が進んでいる。戦闘行動ですら民間委託しているケースもあり、欧米では、それを請け負う民間軍事会社がいくつもある。そんな国からしたら、後方地域の輸送や生活支援などは外注した方が効率も良くコストも安いと考えている。実は、自己完結型組織を改める国の方が多いのだ。

自衛隊が災害派遣に強いのは自己完結であることだけが理由ではない。

地震大国である日本は、これまでいくつもの〝実戦〟を戦い抜いてきた。さらに台風、大雪のような毎年襲ってくる災害もある。こうしたいくつもの悲劇を乗り越えてきた経験が自衛隊を強くした。

2年に1度、ハワイ州を舞台に環太平洋合同演習「リムパック」が開催されている。

米軍を主軸として、多い時には26か国もの国と地域が参加する世界最大規模の大演習だ。訓練課目の中に、HA／DR（人道復興／災害救援）というものがある。2014年開催の「リムパック」より正式に取り入れられた。その理由が、東日本大震災にある。世界では、そのような巨大災害に立ち向かうのは、軍隊しかない。軍事力、組織力を応用すれば、災害にも勝利できるはず。その考えに至ったのは、自衛隊の災害派遣におけるいくつもの活躍を見せつけられたからだ。

そこで、多国間演習でありながら、このHA／DRでは、日本が主導的立場を担う。多くの軍隊が、日本から災害対処を学ぶ道を選んだ。2022年開催回では、護衛艦「いずも」が中核となり、各国軍を指揮し、ハリケーン災害で壊滅状態になった島を救済するというシナリオで訓練を行なった。自衛隊の災害派遣は、世界から一目置かれていることの証左である。さらに、自衛隊が各国を指導する立場であることは、残念ながら日本では知られていない。

日本はこのまま災害対処能力を高く維持し、世界を引っ張っていけるのか。実は、今、これが脅かされようとしている。

予算には限度があり、少子高齢化はますます進む。今のように、最新装備で固め、優秀な人材がオペレーションを行ない、自己完結力も高いままでいるのは、現状のままでは困難だ。

その一つの解決策として、政府は防衛費をＧＤＰ２％に引き上げることを決めた。これに対し、「無駄使い」「再び戦争の道を歩むのか」という批判も多い。だが、冷静に考えてほしい。自衛隊の装備は、災害派遣にも転用できるし、自己完結型組織を維持している。どれかが欠ければ、日本の領空・領海・領土を敵の侵略から守ることも災害から守ることも難しくなるのだ。

自衛隊は、「世界でも珍しく、人を殺した人数よりも救った人数の方が多い軍隊」と言われている。これは誇りにすべき言葉である。有事から災害派遣まで、陸海空自衛隊に何が出来るのか、一方で何が出来なかったのか、どのように変革し、装備を新しくしてきたかを書き記している。我々の生活に寄り添う陸海空自衛隊について知る一助となれば幸いである。

２０２２年8月

菊池雅之

はじめに

10年ひと昔という言葉がある。めまぐるしく動く現代。それが30年ともなれば、もはや〝大昔〟と言ってても過言ではないのかもしれない。

防衛省自衛隊だけをとってても実に濃厚な平成30年間だった。いちばん象徴的だったのは、東西冷戦が終結し、日本を取り巻く安全保障環境が大きく変わったことだった。そして自衛隊の存在が認められ、防衛庁から防衛省へと格上げされた点も大きい。政治的にも、そして私たち国民にも近い存在となった。

そこまで国民が自衛隊に対し、親近感を抱くようになった理由の一つには、自衛隊が持つ能力を最大限に生かし、災害から国民を〝救う自衛隊〟になったからであろう。

平成に入り、日本は初めて、大規模都市型災害に見舞われた。それが１９９５（平成7）年1月17日に発生した「阪神・淡路大震災」だ。この未曾有の激甚災害に際し、陸海空自衛隊は災害派遣を行ない、立ち向かった。

だが、これまでの災害派遣とは大きく異なり、都市型災害は、自衛隊により高度な救助技術を求めてきた。既存の法律、そして資機材では、「救いたくても救えない」「やりたくてもできない」ことが多く露見した。

ここから災害時に戦える自衛隊を育てていくことになる。

その結果、太平洋沿岸部を喪失しかけた「東日本大震災」と長期間にわたり戦い抜くことが出来た。自衛隊が活動しやすい法整備。より効率的に部隊を動かすための統合運用。平成以前にはほとんど行なわれてこなかった自衛隊や警察、消防との連携。これらが機能した結果だ。さらに、警察や消防では対処できない厳しい状況において、自己完結組織だからこそできる自衛隊は、その真価を発揮した。

だが、こうしたスムーズな災害対処能力は机上だけでは生まれなかった。残念ながら、多くの災害で亡くなられた方、家を失った方などの犠牲の上に積み重ねられていったことも忘れてはならない。その悲しみを繰り返さない覚悟は、「広島土砂災害」「熊本地震」「北海道胆振東部地震」と、数々の不幸を乗り越え、確実なものとなっていった。

自衛隊は、「世界でも珍しく、人を殺した人数よりも救った人数の方が多い軍隊」と評価されている。これは、自衛隊の日々の努力の賜物であるとともに、政府や自治体も速やかな対応を見せていった結果だ。われわれ国民も、災害に至っては、公助だけに頼らず、自助努力も必要であると痛感し、実行してきた。

南海トラフ地震等、大規模地震発生が懸念される今だから、改めて自衛隊の〝人を救う〟重要な任務について考えていきたい。

自衛隊だけが日本を救える——目次

自衛隊だけが日本を救える

――「自己完結組織」の実力がわかる本

第1章　自衛隊はどんな組織か

●災害派遣と自衛隊

日本国民の生命と財産、そして領土、領海、領空を守るのが自衛隊の任務だ。

自衛隊の運用方法、そしてルールについて記された自衛隊法の中の第3条第1項に「我が国の平和と独立を守り、国の安全を保つため、我が国を防衛することを主たる任務とし、必要に応じ、公共の秩序の維持に当たる」ものと記されている。

自衛隊の存在理由でもある最も重要な任務が、敵国の侵略から日本を守ることである。そのために、戦車や護衛艦、戦闘機など、軍事力を有している。

それと合わせて大規模震災や火山噴火、津波、洪水、大雪などの自然災害とも戦う。それを災害派遣活動と呼ぶ――。

これまで自衛隊は、さまざまな災害派遣を行なってきた。とくに東日本大震災以降は、ほとんどの日本人が「災害時にわれわれを守ってくれる唯一無二の存在」と認識している。

しかしながら、創設当初の自衛隊は、今ほど災害派遣を重要視していなかった。昭和の時代にも、日本はいくつもの激甚災害に見舞われた。それでも、本来の任務は、日本を敵国から守るために戦うことであり、災害派遣はその他の任務のひとつという考え方だった。もっとも国民も今ほど自衛隊に期待していなかった。

災害時に〝頼りになる自衛隊〟へと変貌を遂げたのは、平成の世の30年間の出来事なのである。

日本が近代化を果たし、明治時代から、大正時代、昭和時代と年号の変化とともに発展を遂げてきた。その一方で、不幸なことに、いずれの世も戦争が起き、国民が戦火に巻き込まれてしまった。

しかしながら、平成時代だけは、日本が戦争を起こすことも、また巻き込まれることもなかった。その代わりに、〝災害と戦った時代〟であった。

●自衛隊が出来るまで

自衛隊は陸上自衛隊、海上自衛隊、航空自衛隊の3つの組織からなる。これは他国で言うところの陸軍、海軍、空軍にあたる。このように3つの軍事組織で構成される「3軍制」を用いている国は多い。自衛隊は、〝軍隊ではない〟ものの、軍隊の基本形を整えている。

第2次世界大戦以前、日本は陸軍と海軍を有していた。しかし、1945年8月14日、ポツダム宣言を受諾し、降伏。同年9月2日、米戦艦「ミズーリ」艦上にて、降伏文章に署名。これまで有していた陸軍や海軍は解隊された。

１９４５年12月1日、陸軍省は第1復員省、海軍省は第2復員省へと改組され、戦地から日本への引揚援護や戦傷病者の受け入れ、戦没者遺族対策などを行なった。

１９４６年6月15日、2つの復員省は統合され、復員庁となる。その復員庁の下に、第1復員局、第2復員局を置く、2局制になる。それから1年程度を経た１９４７年10月15日、復員庁は廃止され、第1復員局は厚生省へ、第2復員局は総理府直属となった。ここで、完全に軍隊は消滅した。

しかし、日米双方が撒いた機雷が、日本列島周辺に無数に存在しており、これを処分するため、日本帝国海軍掃海部隊だけはそのまま残っていた。

日本を始め、極東アジアの戦後安全保障の考え方を大きく変えたのが、１９５０年6月25日に勃発した朝鮮戦争だ。中国の毛沢東、ソ連のスターリンの支援を受けた北朝鮮の金日成が韓国に戦争を仕掛けた。これを機に、アメリカは、日本再軍備化を推し進めることとなった。

その根拠となったのが、１９５０年8月10日にＧＨＱが、ポツダム政令の一つとして発令した「警察予備隊令」だ。これを受けて、自衛隊の基礎となる警察予備隊が発足した。

警察予備隊を経て、発足した陸上自衛隊。陸海空自衛隊の中で一番構成人数が多く、日本の安全保障の根幹をなす。写真は東京を始め首都圏を防衛警備する第1師団の隊員たち

この部隊は、〝警察〟と冠しているが、戦車や大砲を有する軍事組織だ。やはり終戦直後に再び軍隊を作るとなると、国内外の反発が懸念されたため、言葉のトリックを用いた。自衛隊のスタートは決して歓迎されていたわけではなかったからだ。

話は前後するが、警察予備隊の発足前である、1948年5月1日、運輸省の外局として海上保安庁が発足した。任務は、不法入国船舶を監視し、日本沿岸部の治安を維持することだ。戦後生き残った掃海部隊は、この海上保安庁へと引き継がれた。

北朝鮮軍は、大量の機雷を朝鮮半島周辺に敷設したため、国連軍の掃海艇だけ

では数が足りなかった。そこで、1950年10月6日、日本の掃海部隊に派遣を求めた。これを受けて、日本特別掃海隊が組織され、約1200名の日本人が再び戦地へと赴くことになった。任務は過酷かつ危険であった。27個の機雷を処分したものの、作業中に触雷した掃海艇1隻が沈没し、〝戦死〟者1名と重軽傷者18名をだした。

その後、海上保安庁は、1952年4月26日、海上警備隊となった。

1952年8月1日、保安庁が設置される。これにともない、海上警備隊は、警備隊として保安庁へと移管される。警察予備隊も、そのまま保安庁へと移管されるが、同年10月14日、保安隊と改称する。

1954年7月1日、防衛庁設置法並びに自衛隊法が施行され、保安隊は陸上自衛隊、警備隊は海上自衛隊となる。新たに航空自衛隊も創設した。

ここから陸海空自衛隊の歴史が始まった。

●激変してきた安全保障環境

戦後、防衛庁自衛隊は何度かの改編を経て、少しずつ規模を拡大していった。2007年1月9日には、防衛庁も防衛省へと格上げされている。自衛隊が世に認められた象徴的な出来事だった。

小松基地で行なわれたスクランブル訓練の様子。出動の命令が下ると、パイロットや整備員は機体へと走り寄り、すぐさま離陸体制を整える。2017年度のスクランブル回数は904回

毎年1～２月に米カリフォルニア州で行なわれている日米共同訓練「アイアンフィスト」。水陸両用車AAV7から下車展開していくところ。日本版海兵隊と言われる水陸機動団発足に大きな影響を与えた訓練だ

富士演習場で行なわれた日米共同演習における日米指揮官。毎年国内では、陸海空自衛隊と米軍による演習が行なわれ、日米同盟の深化をはかっている

アメリカとソ連という超大国同士がにらみ合った東西冷戦時代。核戦争の危機すらあった中、日本は西側陣営にいた。目前にソ連が立ちはだかり、日本の領海・領空が奪われかねない危機的状況だった。しかし、1989年、東西冷戦はあっさりと終結する。続いて訪れたのが、9・11ニューヨーク同時多発テロに代表される国際テロとの戦いだった。

日本は、北朝鮮の武装工作員による破壊や拉致、そして弾道ミサイルの脅威にも対処する必要があった。今そこにある危機となっているのが、中国の存在だ。覇権主義的行動により、南シナ海を実効支配し、東シナ海も危うい状況だ。さらに太平洋全体をも支配する計画を打ち立て、アジア太平洋地域が不安定な状態だ。日本も領海及び領空が奪われかねない東西冷戦以上の危機に瀕している。

　このように日本を取り巻く安全保障環境は、時代ごとに様変わりしている。国際情勢に合わせて、自衛隊は部隊を新編し、既存の部隊も柔軟に改編していった。それにともない装備を更新するとともに、新しい防衛戦術を考え出してきた。

　その一方で、災害への対処の仕方については、ほとんど変えていなかった。昭和から平成と時代が変わっても、大きな変化は見られなかった。災害派遣において何が必要かを真剣に検討してこなかったからだ。

　大前提として、自衛隊は、災害派遣専門部隊なるものは有していない。侵略者から日本を守るためにある部隊や人員、装備を災害時に役立てている。

　そのため、災害派遣されたとしても、法律や部隊運用の限界により出来ないことの方が多かった。

●陸上自衛隊の編成

　陸上自衛隊は１３７４７７名（事務官・技官を除く）で構成されている。

　日本列島を５つに分けて、防衛警備の担当区を定めている。創設当初の自衛隊は、「基盤的防衛力」を整備していくことが目標だった。〝基盤的〟な〝防衛力〟とは、日本列島にくまなく部隊を配置し、鉄壁の防御態勢を敷くこと。島国である日本では有効な戦術とされてきた。

北海道を担当する北部方面隊、東北を担当する東北方面隊、関東・甲信越・静岡県を担当する東部方面隊、東海・北陸・近畿・中国・四国を担当する中部方面隊、九州・沖縄を担当する西部方面隊という布陣だ。各地方総監（階級・陸将）が取りまとめている。

各方面隊には、2～4個の師団及び旅団という作戦基本単位と呼ばれる部隊が編成されている。これら師団及び旅団が担当区内をさらに細かく、かつ満遍なく警備している。こうして、敵が日本列島に着上陸してきた際に、漏らさず撃破すべく整えられた配置が基盤的防衛力だ。災害派遣においても同様で、防衛警備区ごとに対処していく。

たとえば、東部方面隊にぶら下がる第1師団。〝1〟という数字が表すように、歴史と伝統を持つ。この部隊は、東京都をはじめとした、神奈川県、埼玉県、千葉県、茨城県、山梨県、静岡県の1都6県を担当している。

災害派遣がかかれば、まず、被災地を受け持つ師団及び旅団が部隊を送りこむことになる。そして同じ方面隊内の師団及び旅団が増援されていく。それでも足りなければ、隣の方面隊からも師団が随時派遣されていく仕組みだ。

２０１８年に、陸上自衛隊の総司令部となる陸上総隊が発足した。むしろなぜこれまでなかったのかが不思議にすら思える。改めて総司令部を作った最大のメリットは、５個方面隊を一元的に管理できる点だ。さらに管轄区域を持たない陸上総隊直轄部隊を有しているため、迅速に動かせる。

射撃訓練を行なう陸自隊員。手にしているのは89式小銃。1989年より配備が開始され、すでに30年近い歴史がある

たとえば、首都圏で大規模災害が発生したと仮定しよう。第１師団だけでは充分に活動できない部分について、陸上総隊直轄部隊を当てる。その間に、中部方面隊の第３師団（兵庫県・千僧駐屯地）や東北方面隊の第６師団（山形県・神町駐屯地）などを増強部隊として送る。移動には１〜２日程度が必要だ。さらに被害が甚大であれば、北部方面隊の第２師団（北海道・旭川駐屯地）や西部方面隊の第４師団（福岡県・福岡駐屯地）なども随時送り込む。移動には２〜３日程度が必要だ。こうした移動にかかる日数を計算し、海自艦艇や空自輸送機との調整か

10式戦車による射撃シーン。現在最も新しい戦車で、2010年より配備が開始された。写真は日本最北部隊である第2師団(旭川)の第2戦車連隊に配備されている戦車

ら連携運用などをしっかりと行なう。

自衛隊創設時から、こうした方面隊の枠を超えた作戦は考えられていたし、実際に訓練も行なっている。だが、各方面隊を俯瞰(ふかん)して見られる司令部である陸上総隊を置いたことで、より効率的な部隊運用が出来ると期待されている。

師団や旅団には、普通科(歩兵)、機甲科(戦車)、特科(大砲)、施設科(工兵)といった各部隊が内包されている。これも有事の際は、師団ごとに戦うためであり、戦闘に必要な部隊がパッケージ化されている。

再び第1師団を例にあげよう。1都6県(東京都、神奈川県、埼玉県、千葉県、茨城県、山梨県、静岡県)を担当している第

1師団には、師団司令部及び司令部付隊、第1普通科連隊、第32普通科連隊、第34普通科連隊、第1偵察戦闘大隊、第1特科隊、第1高射特科大隊、第1飛行隊、第1施設大隊、第1後方支援連隊、第1通信大隊、第1特殊武器防護隊、第1音楽隊が編成されており、それぞれの部隊にも受け持つエリアが決められている。第1普通科連隊は、東京都23区を担当している。このように、1都6県をさらに各部隊で振り分けているのだ。

基本的に全国の師団や旅団も同様の編成であり、各部隊が警備担当区を持っている。ただし、規模の違いはある。

1個師団は、概ね8000～10000名、1個旅団が概ね3000名で構成されている。そして1個連隊が600～1000名規模。1個大隊が約300名規模。1個中隊が100～180名規模等となっている。

●海上自衛隊の編成

海上自衛隊は43033名（事務官・技官を除く）で構成されている。

全体をまとめる総司令部として自衛艦隊司令部を置いている。現代の連合艦隊司令部と説明されることもある。自衛艦隊の下には護衛艦隊、航空集団、潜水艦隊、掃海隊群、情報業務群、海洋業務・対潜支援群、開発隊群、その他部隊で構成されている。他国で言う軍艦に当たる護衛艦を始め、輸送艦や補給艦、掃海艇など、すべての艦艇を一元管理しているのが護衛艦隊だ。同じようにヘリコプターから固定翼機まで、すべての航空機を一元管理しているのが航空集団となる。

護衛艦隊を支える柱となるのが、4個ある護衛隊群だ。1個護衛隊群には8隻の護衛艦が配備されている。各護衛隊群には、空母型の護衛艦であるヘリコプター搭載型護衛艦「ひゅうが」型（「ひゅうが」「いせ」）及び「いずも」型（「いずも」「かが」）が1隻ずつ振り分けられ、指揮統制する旗艦となっている。

また、陸上自衛隊同様に、日本列島を5つに区切り、沿岸域を警備担当する地方隊を有している。それが、北海道及び青森県以北を担当する大湊地方隊、岩手県から三重県（岩手県、宮城県、福島県、茨城県、栃木県、群馬県、埼玉県、千葉県、東京都、神奈川県、山梨県、長野県、岐阜県、静岡県、愛知県、三重県）までの太平洋側を担当する横須賀地方隊、秋田県以南から島根県（秋田県、山形県、新潟県、富山県、石川県、福井県、滋賀県、京都府、兵庫県、鳥取県、島根県）までの日本海側を担当する舞鶴地方隊、和歌山県から山口県（大阪府、兵庫県、奈良県、和歌山県、岡山県、広島県、山口県、東京都沖ノ鳥島）までの本州と、四国全県（徳島県、香川県、高知

海上自衛隊は、自衛艦隊を司令部として、艦艇部隊、航空部隊、支援部隊等で構成されている。主たる戦力として、46隻の護衛艦、17隻の潜水艦（2017年時点）を配備している

県、愛媛県）、大分県と宮崎県の九州を担当する呉地方隊、山口県以西から大分県と宮崎県を除く九州全域（山口県、福岡県、佐賀県、長崎県、熊本県、鹿児島県、沖縄県）を担当する佐世保地方隊だ。各地方総監（階級・海将）が取りまとめている。

かつては、地方隊も独自に護衛艦部隊を有していた。しかし、現在は改編され、護衛艦隊に地方配備部隊として内包されている。

海上自衛隊もこれまで多くの災害派遣を経験してきた。阪神・淡路大震災では、道路の寸断、陥没等により、陸路移動が難しかったため、艦艇を使用し、海から救助部隊や救援物資を運んだ。捜索のための人員も派遣し、陸自部隊と一緒に活動を行なった。東日本大震災でも同じような海からの展開に加え、新たに配備した「ひゅうが」が洋上のヘリ基地として大活躍した。陸海空自衛隊のヘリにとどまらず、米軍や自治体のヘリまでが、「ひゅうが」を使用した。

なお、救難飛行艇を配備している第31航空群第71航空隊（岩国）がある。1976年からUS－1Aを配備し、2007年よりその後継となるUS－2を配備している。海自が救難飛行艇を持つ理由は、墜落したパイロットを救出するためだ。平時においても、その高い救助能力は、災害派遣等にも生かされている。これまでも洋上航行中の船舶で急病人が発生した場合の急患搬送や遭難した船舶の捜索から救助などの実績がある。

機内には救難員が乗り込む。一刻を争う時はあらかじめ医師や看護師も同乗し、機内にて応急処置を行なうこともある。

かつては、ヘリコプターによる救難部隊も有していた。使用していたのは、空自でも救難ヘリとして使われているUH－60Jだ。第22航空群・第72航空隊（大村）と第21航空群・第73航空隊（館山）の2つの部隊のほか、分遣隊もあり、広い範囲にわたる救難事案にも迅速に対処できる態勢をとっていた。

現在は1個飛行艇部隊が、海自における災害派遣対処専門部隊としての一面を持っている。

●航空自衛隊の編成

航空自衛隊は、43912名（事務官・技官を除く）で構成されている。

陸自同様に方面隊制度を用いており、総司令部となっているのが航空総隊だ。航空総隊が、すべての戦闘機部隊、高射部隊、警戒管制部隊等を一括管理している。くわえて、航空支援集団、航空教育集団、航空開発実験集団、航空自衛隊補給本部、その他部隊という編成だ。

北海道と北東北を担当する北部航空方面隊、南東北、関東、中部、近畿地方を担当する中部航空方面隊、中国、四国、九州を担当する西部航空方面隊、沖縄、南西諸島を担当する南西航空方面隊と4つの航空方面隊があり、各司令官（階級・空将）が取りまとめている。

各方面隊は、2個航空団（戦闘機部隊）、航空警戒管制団、1～2個高射群（防空ミサイル部隊）等で編成されている。

航空自衛隊の災害派遣活動として知られているのは、輸送機を用いた空輸作戦だ。

一度にたくさんの人員輸送、物資輸送を行なえるのが最大の特徴である。輸送機を統括しているのは航空支援集団であり、各種輸送機を配備している。他に航空機動衛生隊という部隊を内包している。輸送機で重症患者を移送できるように、コンテナ化した集中治療室ともいえる機動衛生ユニットを配備している。

また大規模地震が発生した際には、自主派遣として、航空機を用いた情報収集も欠かせない任務となっている。かつては、戦闘機であるＦ－４ファントムⅡを偵察用に改造したＲＦ－４ＥＪを配備していた。機体の下部にカメラが装備されているのが特徴だ。航空総隊直轄の偵察航空隊・第５０１飛行隊が唯一の空自偵察飛行隊で、百里基地（茨城県）に所在し、これまで多くの災害現場に投入され、上空から被災地を撮影し、それを元に活動の指針を決めてきた。今後は無人偵察機ＲＱ－４Ｂグローバルホークがこの任務にあたる。

熊本地震の際は、戦闘機Ｆ－２を使用した情報収集が話題となった。百里基地からやって来るＲＦ－４を待つよりも、一刻も早く被害状況を知りたいと、西部航空方面隊が自主派遣として飛ばした。

２０１６年４月14日21時26分頃に地震が発生。その21分後である21時47分に築城基地（福岡県）から２機のＦ－２が離陸し、被災地上空から目視で状況を確認した。熊

2018年より新しく配備が開始された最新ステルス戦闘機F-35A。将来的に100機以上を配備する計画だ。今後、空自の主力戦闘機として日本の領空を守るための警戒監視任務に就く

本県知事から災害派遣要請が出たのが22時40分であり、それに先んじた活動であった。

ただし、戦闘機では、偵察機のように写真を撮影し、細かい被害状況の全体像を把握することは難しい。だが、住宅街での火事や建物倒壊、道路の陥没、橋の崩落などは、パイロットの目視でも確認できる。そしてそれがどの辺りで発生しているかを口頭で伝える。航空自衛隊では、日々緊急発進体制を取っている。その目的は、日本領空に近づく他国機を警戒するためだ。それを災害に生かした形となった。

空自には、映画や漫画の題材となることも多い、捜索救難救助専門部隊が存在

している。それが航空救難団だ。本来の任務は、自衛隊や米軍の航空機が敵から攻撃され、撃墜された場合、捜索し、救助することである。この任務は海自の救難部隊と同じだ。

平時では、その能力は災害派遣に生かされている。山岳救助や海難救助など、国民の命の危機にも救いの手を差し伸べる。こうした事故等が発生した場合、本来は消防や警察、海保が担当する。しかし、悪天候であったり、救助が難しい場所であったりと、「われわれでは救助が不可能」と判断したケースに、お呼びがかかる。それゆえに空自救難部隊は、『最後の砦』と言われている。

航空救難団は、10個の救難隊と2個のヘリコプター空輸隊で編成されている。1個救難隊は、2機の救難ヘリUH－60Jと1機の救難機U－125Aで構成されている。各救難隊は所在する基地名を冠している。北から千歳救難隊、秋田救難隊、松島救難隊、新潟救難隊、百里救難隊、小松救難隊、浜松救難隊、芦屋救難隊、新田原救難隊、那覇救難隊となっている。

UH－60Jに乗る救難員はメデックと呼ばれる。人並み外れた体力と精神力が必要であるため、メデックになるのは非常に狭き門である。全国の部隊から体力に自信がある者を集め、救難員選抜試験にてふるいにかける。選ばれると、空自で最も過酷と言われる救難員課程へ進む。終了後は、一旦部隊配属を経て、今度は陸自で最も過酷と言われている第1空挺団が実施する空挺レンジャー課程へと進む。本来の任務は、敵がいるかもしれない場所での友軍パイロットの救助であることから、〝救助〟と〝戦闘〟の両方を学ぶのが空自メデックの特徴である。

●災害時の指揮

災害派遣が決まれば、だれが全体の指揮を執ることになるのだろうか。

防衛省内に、陸上幕僚監部、海上幕僚監部、航空幕僚監部と、3つの司令部がある。それぞれのトップを務めるのが幕僚長だ。そして3つの幕僚監部をまとめるのが統合幕僚監部だ。こちらは2006年3月27日に出来た新しい組織だ。

陸海空自衛隊は、それぞれ別組織だ。言うなれば、防衛省という親会社の下にぶら下がる3つの子会社みたいなもの。創設時から子会社間ではほとんど交流は行なわれてこなかった。ただし、有事ともなれば、各幕僚長を集めた統合幕僚会議が開かれる。同会議をまとめていたのが統合幕僚会議議長だった。

陸海空自衛隊を効率良く動かすためには、この縦割り体制を改める必要があると考えられた。そこで生まれたのが統合運用という考え方だ。そのために、新たに統合幕

東日本大震災で災統合任務部隊JTF-THの司令部となった東北方面総監部。「がんばろう！東北」のスローガンが掲げられていた

僚監部が発足した。トップを務めるのは統合幕僚長だ。陸海空幕僚長を経験した者だけがなることが出来る。以前の統合幕僚会議議長にはない、陸海空自衛隊を統合して指揮する権限がある。

大規模な災害派遣となると、最高指揮官となるのは統合幕僚長だ。しかし、直接現場に赴いて指揮を執るわけではない。

現場レベルとしては、陸上総隊、自衛艦隊、航空総隊が連携し、陸海空自衛隊に横軸を通す。

陸海空自衛隊がさらに密接に協力して対処する必要があるときには、統合任務部隊ＪＴＦ（Joint Task Force）が立ち上がる。

災害派遣でＪＴＦが編成されたのは２０１１年の東日本大震災が最初だ。東北を意味するＴＨを付けたＪＴＦ-ＴＨと呼んだ。現場での指揮官となったのは東北方面総

監だった。他方面隊の師団や旅団などの指揮権は、各方面総監からすべてＪＴＦ司令官に移譲された。海空自衛隊については、海災部隊指揮官として横須賀地方総監、空災部隊指揮官として、航空総隊司令官が配置され、ＪＴＦ－ＴＨの下に入り、それぞれ指揮を執った。

２０１３年に発生した台風26号により伊豆大島が甚大な被害に見舞われた。それにともない、ＪＴＦ－椿が編成された。このとき指揮を執ったのは東部方面総監だ。その下に海災部隊指揮官・横須賀地方総監、空災部隊指揮官・航空支援集団司令官が就いた。

そして２０１６年に発生した熊本大地震では、ＪＴＦ－鎮西が編成された。このとき指揮を執ったのは、西部方面総監だ。その下に海災部隊指揮官・佐世保地方総監、空災部隊指揮官・西部航空方面隊司令官が就いた。

東北方面総監部庁舎内の廊下には、被災者の方々の感謝の言葉が書き込まれた日の丸を展示している

国内の災害派遣でＪＴＦが編成されない場合では、被害の大きさに応じ、各方面総監や各師団長、その下の各部隊指揮官が指揮を執った。

第2章　初めての都市型災害

●平成に訪れた大震災

1995（平成7）年、1月17日火曜日5時46分52秒——。淡路島北部を震源として、マグニチュード7・3の大きな地震が発生した。後に阪神・淡路大震災と命名された。

この地震の影響で、兵庫県南部を中心とした県内全域にとどまらず、隣接する大阪府や京都府などが被害を受けた。とくに震源地に近かった兵庫県東灘区、中央区、長田区などの被害は甚大だった。犠牲者は6434人に達し、戦後最大の激甚災害となったとともに、日本が初めて直面した人口密集地での都市型災害であった。

政府は、都市型災害の対処の難しさを痛感した。まずもって、どのように指揮を執ればいいのか、都市型災害に対処した前例もなければマニュアルもない。自治体レベルで行なう防災訓練でもこれほどの規模となると想定すらしていなかった。

それは防衛庁（当時）も同じだった——。災害派遣の要請までのフローは自衛隊法という法律にしっかりと明記され、今ほどではないが、訓練も重ねてきた。しかし、想定しない事態が起きた。それは、要請する立場である自治体のトップ（この時は兵庫県知事）と連絡が取れなかった。いざ出動しても、自衛隊の装備は都市型災害対処

初めての大規模な都市型災害となった阪神・淡路大震災。地震により建物倒壊、そしてその後の火災で多くの方々が命を落とし、負傷した。日本政府は大震災への備えが不充分であったことを痛感した（写真提供・神戸市）

には向かなかった。

じつは、災害現場になれているはずの消防や警察も、持てる力を100パーセント発揮することは難しかった。彼らの救助用資機材をもってしても、都市型災害対処は難しかった。

その結果、われわれ国民は、〝公助〟機関は必ずしも万全ではないことを知った。だが、それは、あきらめとは違う。自分たちでも出来ることをする、という新たな決意である。まずは自分たちで自分の命を守る〝自助〟を考えるきっかけとなった。

6000名を超える犠牲を払ったが、日本全体の防災意識は大きく変わった。阪神・淡路大震災を一つの転機として、次なる災害に対し、万全の体制で立ち向かうため、国や自治体、自衛隊、警察、消防、そして個人に至るまで、新しく生まれ変わっていくことになった。

この努力は平成という時代をかけて実を結んだ。そのスタートとなった阪神・淡路大震災から振り返ってみよう。

●当時の被災地

あまりにも突然の出来事だった。本来ならば、いつもと変わらぬ朝が来るはずだった。

夏目漱石の弟子である寺田寅彦の「天災は忘れた頃にやってくる」という言葉があるが、まさに日本中がそのような状況だった。

兵庫県内のアパートの1階に一人暮らしだったAさん（女性・当時19歳）は語る。

「前日こたつでそのまま眠ってしまいました。真っ暗な部屋で、突然の揺れと轟音が襲ってきました。何が起きたのか把握することなど出来なかったけれど、怖くてとっさにこたつの中に潜りました。ものすごい轟音と衝撃。こたつの中まで埃が入ってきて、しばらく目を開けることもできませんでした。屋根が落ち、つぶれた家屋の下敷きとなったのです。今思えば奇跡のようですが、こたつの細い４本の足がかろうじて私のスペースを作ってくれました……。倒れ方も良かったのか、うっすらと外の光も漏れており、完全に下敷きとはならなかった。すぐに助けを呼びました」

その後、ほどなくして近所の人に助けてもらい、一命を取り留めた。

最初の大きな揺れからしばらくたった頃。地震にともない火災も発生していた。出勤途中であった当時32歳の男性。「私は外にいたのですが、突然の揺れに立っていられず、四つん這いになった。電線がまるで縄跳びのように、〝ぴょんぴょん〟と音を立ててぐるぐるまわってました。悲鳴があちらこちらから聞こえてました。揺れが収まった瞬間、街が静寂に包まれていました。軒並み倒れた家屋やビル、遠くの方では燃え盛る炎……。日本が滅んでしまったのかと思えるほど静かで不気味でした」

地震の後の不気味な静寂は、話を聞いた被災者の多くも覚えていた。大地震に火災、そうなるとパニックとなった人々の悲鳴や叫び声がこだますると誰しもが考える。だが事実は映画とは違った。みな何が起きたかわからず、取り乱しようがなかった、とするのが正しいのだろうか。だからこそ、「自分だけが？　みんなは？」と不安に思った方も多かったようだ。そして通常、こうした緊急時に聞こえてくるはずの音もなかった。サイレンだ。被害が大きすぎて、消防も警察もすぐに対応できなかった。

これが、多くの人が発災直後に体験した〝無音〟の正体だ。

兵庫県伊丹市には陸上自衛隊伊丹駐屯地がある。ここには、東海、北陸、近畿、中国、四国地方の2府19県の防衛警備を担当する中部方面総監部が置かれている。そして、実動部隊の一つとして、第36普通科連隊が配置されていた。これほどの巨大地震の発生に、同部隊はすぐに出動の準備を進めた。そして地震発生から30分もたたずして、駐屯地を出発し、まずは情報収集のため被災地へと向かった。

ただし、この他の多くの部隊も、出動の準備こそ整えたものの、すぐに出動はしなかった。……いや、正確にはできなかったのだ。

●シビリアンコントロールの大原則

近畿地方だけでもいくつかの基地・駐屯地が存在している。多くの災害に見舞われた平成を生きてきたわれわれからすれば、これら基地・駐屯地に駐屯する部隊は当然のこと、北は北海道、南は九州・沖縄などからも部隊がすぐさま派遣されてくる姿を想像することだろう。

神戸市内いたるところで建物倒壊がおき、多くの方々がその下敷きとなった。その救助は困難を極め、自衛隊のみならず、慣れているはずの消防や警察も辛酸をなめる結果となった(写真提供・神戸市)

だが、当時の自衛隊は違った……。まったく動けなかったのだ。

その理由として、政府が盛んに口にしたのが、シビリアンコントロールの大原則だった。シビリアン（Civilian）とは、文民と訳す。よって日本語では『文民統制』と記す。この文民とは、職業軍人ではない者を指す。日本で軍人に当たるのは、もちろん自衛官だ。

日本は軍部の歯止めが効かなくなった先の大戦の政治情勢を教訓として、自衛隊全体の指揮権は、自衛隊員以外が持つものとした。

自衛隊を動かすためには、内閣総理大臣、国務大臣など、必ず自衛官以外の者である必要がある。これは徹底しており、日本国憲法第66条第2項には、「内閣総理大臣その他の国務大臣は、文民でなければならない」と明記されている。

戦争となれば、シビリアンコントロールの必要性はうなずける。自衛隊のすべての行動は、必ず、国民の代表者であるべきというものだ。これは民主主義を守るうえでも重要である。

災害派遣をふくめ、自衛隊すべての行動の原則であれ、というのが日本政府の考え方だ。

自衛隊が災害派遣の根拠としているのが、自衛隊法第83条に明記された以下の文章だ。

「都道府県知事その他の政令で定めるものは、天災地変その他の災害に際して、人命または財産の保護のため必要があると認める場合には、部隊等の派遣を長官又はその指定する者に要請することが出来る」——。

災害派遣であっても、要請なくして、勝手に自衛隊が動いてはならないこともきっちりと記されている。阪神・淡路大震災で言うならば、兵庫県知事の要請が必要だ。

しかし、この要請がなかったがゆえに、自衛隊は迅速に動くことはできなかったのだ。

だが、当時の貝原俊民兵庫県知事は「自衛隊と連絡が取れなかった。けれども、出動要請が遅いというのは自衛隊側にも問題がある」という趣旨の反論をしている。

たしかに、当日は県庁も大混乱をしていた。兵庫県が災害対策本部を立ち上げたのは朝7時になっていた。しかし、防災無線も通じず、消防や警察とも連絡が取れない。自衛隊とも電話回線での連絡が取れなくなっていた。今ならば、自治体と自衛隊はがっちりと繋がっており、通信が確保できなければ、歩いてでも、自衛官が自治体庁舎へと赴き、口頭で連絡を取り合う体制もある。

しかしながら、貝原県知事が登庁したのは、8時20分になっていた。この点については、県側ももっと早い対応が出来たのではないのか。

直接、目の前で被害を見せつけられていた、伊丹市長や神戸市長、北淡町長は焦っていた。このままでは、市民・町民に多大な犠牲者が出てしまう。しかし、県が動いてくれない……。消防だけでの活動は限界だった。そこで、市や町から独自に災害派遣要請を自衛隊に出すという方法を取った。時はすでに9時を回っていた。

発災から4時間以上がたち、10時を回った頃、ようやく県と自衛隊の間で連絡が取れた。

こうした、後手後手に回ってしまった災害派遣要請は、今では考えられないことである。もっと早く自衛隊に災害派遣要請を出していたら、もしかしたら救える命があったかもしれないと考えると無念でならない。

では、なぜ第36普通科連隊のみが出動出来たのか。

それが近傍派遣だ。

基地や駐屯地などの近傍で災害が起きた場合、自衛隊はそれに対処することが出来る。たとえば、基地の正門前で車両衝突事故が起きて助けを求めている人がいたとしよう。こうした緊急事態では、出動要請だの、難しいことは言わずに自衛官が近くにいるのだから助けることができる、というシンプルなものだ。

じつは自衛隊には近傍派遣のような自主派遣が認められている。当時の自衛隊法にも「防衛庁長官又は長官が指定する者は、特に緊急な事態で、要請を待つ時間がないときには、要請がなくても、例外的に部隊などを派遣することができる」という一文が書かれている。

自衛隊の行動すべてにおいて、シビリアンコントロールの大原則が存在しているのは事実ではあるが、災害派遣については、このように〝例外的〟なケースもちゃんと想定し、認めている。貝原知事が言う「自衛隊にも問題がある」との発言は、この点を突いたものだ。実際のところ、第36普通科連隊は活動としては小規模であったとし

陸上自衛隊の施設科は、多くの重機を保有しており、がれきの撤去などに活躍した。この活躍を見て、震災後、消防や警察でも大型重機を配備することとなった（写真提供・神戸市）

ても、任務遂行出来ていたのだから。

しかしながら、指揮を執った中部方面総監松島悠佐陸将（当時）は、後に神戸新聞のインタビューに対し、「何をぼやぼやしていたのか、危機管理の意識がないと、われわれからすれば心外な批判が相次いだ」と県側の話に真っ向から反論している。正式な手続きを踏んで、出動した後の自衛官は、泥にまみれて被災者のために必死に活動している。そのすべてを否定されたようで、松島氏にとって、当時の批判は到底受け入れることはできなかったのだろう。

防衛庁側の問題を上げるとするならば、災害派遣の位置付けがあやふやだった点が大きい。「あの時、自衛隊が、災害派遣でどこまですべきか、そもそも何が出来るのかもよく分かっていなかった。今の常識と照らし合わせると、問題はあったかもしれないが、当時としてはきちんとした対応は取れていたと思う」（陸上幕僚監部・1佐）という意見もある。

防衛庁自衛隊の前身である警察予備隊時代、国防を司る他国で言うところの〝軍隊〟に準ずる部隊を創設するにあたり、災害派遣は盛り込まれていなかった。

防衛庁自衛隊となってから「本来任務」が定義される。「本来任務」とは、「主たる任務」と「従たる任務」で構成されている。

自衛隊法第3条（改正前）において、「直接侵略及び間接侵略に対しわが国を防衛することを主たる任務とし、必要に応じ、公共の秩序の維持に当たる」ものと明記されている。「主たる任務」とは、この敵国から日本を守るための防衛出動を指す。これに対し、「従たる任務」とは、必要に応じて行なう任務である。たとえば治安出動や海上警備行動、国民保護、そして災害派遣である。災害派遣は本来任務ではあるものの「従たる任務」にあたる。

当時、自衛隊は今ほど災害派遣に力を入れてこなかった。人命がかかっているとはいえ、本来任務ではあるものの、「従たる任務」という位置付けにある災害派遣を行なうにあたり、訓練も装備も充分ではなかった。日本政府も、災害発生＝自衛隊出動という図式に考え及ばぬ時代だった。お役所用語である「前例がない」という言葉が縄となり、自衛隊を縛っていた。

●全力を尽くす隊員たち

いろいろすったもんだはあったが、災害派遣要請が出されれば、自衛隊員は全力で災害と戦った。

とはいえ、日本が経験したことのない激甚災害。自衛隊も気持ちとは裏腹に、どうしていいか分からなかった。

陸海空自衛隊は、「主たる任務」である防衛出動のための〝戦うための装備〟を有している。正面装備と言われる、戦車や戦闘機、そして護衛艦などだ。そして戦闘を支援するため、施設（工兵）科は、陣地を掘るブルドーザーや渡河器材等を有し、需品科（後方支援連隊）などは、隊員の衣食住をまかなうため、水を確保し、食事作り、洗濯や風呂といったものを提供する。こうした〝戦うための装備〟を応用し、これまで災害派遣に立ち向かってきた。

だが、日本初となる都市型災害は、より高度な救助資機材及び救助技術を求めてきた。もちろん自衛隊にはそのようなものは皆無だ。

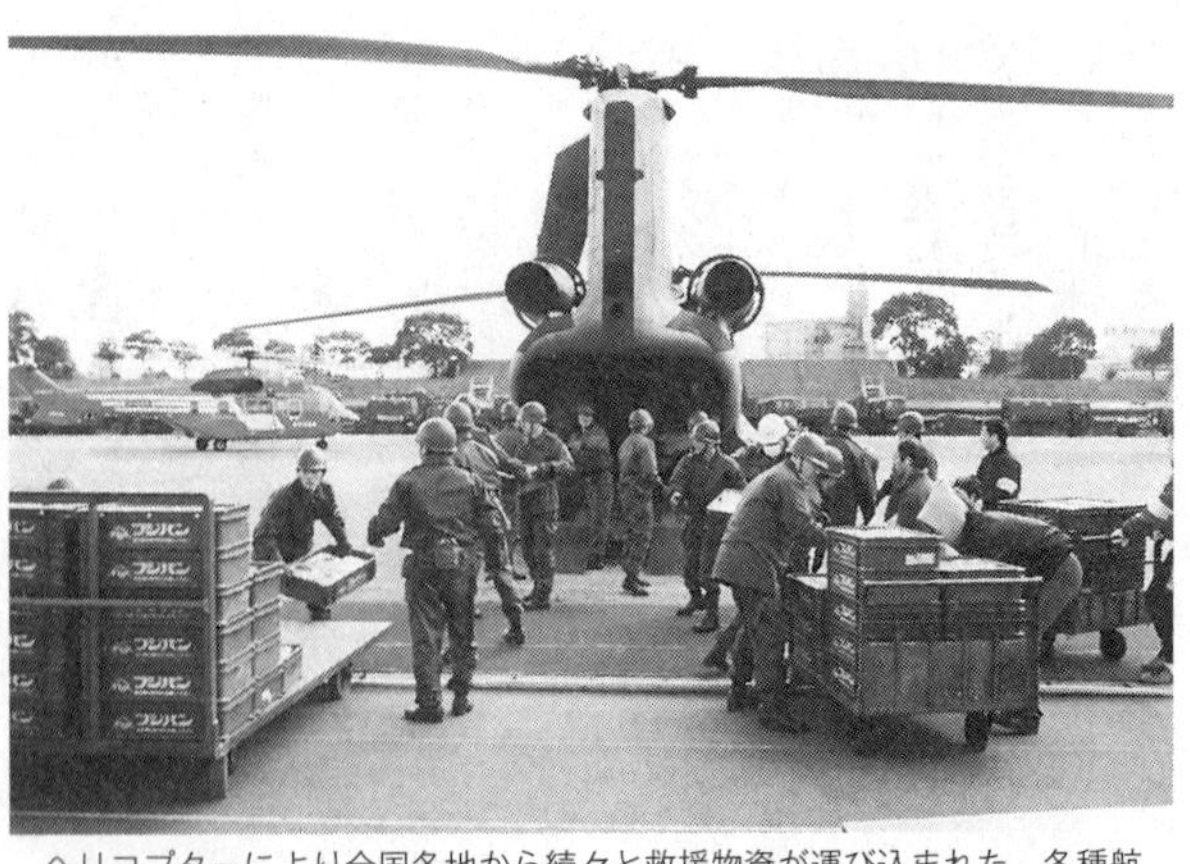

ヘリコプターにより全国各地から続々と救援物資が運び込まれた。各種航空機を用いたこうした大規模な空輸は自衛隊だからこそできる活動でもある（写真提供・陸上自衛隊）

救助のプロである消防や警察も、大苦戦する。前述のように、これまでの装備や資機材では、歯が立たなかったのだ。たとえば倒壊家屋の下に人がいるのか――。上から見たのでは、まったくわからない。よって、実際に掘り返す必要があった。だがその下にだれもいなければ、時間の無駄であり、やらなくてよい作業をしたことになる。

後に内閣府は、「阪神・淡路大震災の死傷者の80パーセントが倒壊家屋によるもの」と発表している。それほど多くの人を生きたまま助け出すためには、瓦礫（がれき）の下をあてずっぽうに探す方法では時間がかかってしまい、効率が悪いだけでなく、本来助けられたかもしれない命にたどり着かなかった可能性もある。しかし、自衛隊はやるしかなかった。人海戦術を駆使して作業を続けた。

鉄筋コンクリートを粉砕するのは困難をきわめた。自衛隊は、数種類の重機を配備しているが、消防や警察には、こうした建物の解体に使えるような大型重機はなかった。どの公助機関も装備・資機材は充分ではなかった。

前代未聞の災害現場は、自衛隊や消防、警察を苦しめた。ただ助けたいという思いだけが隊員たちを突き動かした。

陸海空自衛隊による災害派遣は、101日間にも及んだ。

●国民の笑顔のために

施設科部隊の小隊長として、現地で活動を行なった当時3等陸尉だった一人の幹部から話を聞いた。

「当時私が所属していた部隊は新潟にありました。大雪の中の出発だったことを今でも覚えています。ちょうどこの出発の日、私は誕生日を迎えました。あの出動の日のことは、生涯忘れることはないでしょう。最初に被災地に入った時の感想は、我を忘れるという状態でしょうか……。倒れた家々、くすぶる煙が、まるで映画のワンシーンのようで、現実感がなく見えたんです。しかし、次々と運び出されていく方々を見て、私もしっかりしなければと気持ちを新たにしました」

自衛隊の活動は、とにかく救助を優先するところから始まった。続いて、残念ながらお亡くなりになったご遺体を収容していく作業となり、最後は、瓦礫の撤去作業となった。

「瓦礫の撤去となれば、われわれ施設科の十八番です。油圧ショベルやバケットローダー、ダンプカーなど、土木作業用の装備を複数保有しています。それらをフル活用しました」（同氏）

ただ取り壊していくだけではなく、被災者の心に寄り添った行動をした。その結果、日本国民だけでなく、世界からも評価された。

前出の幹部はこう続ける。

「家屋を撤去する際には、必ず家主に立ち会ってもらいました。そこで、取り壊す前に、取っておいて欲しいものはありませんか？　と、必ず聞きました。すると、家族のアルバムやご位牌などをなんとか持って帰りたいという依頼が多かったです。ご本人からすれば宝物です。可能な限り探して手渡していきました。クリーニング屋の店主から、『再び仕事が出来るように、ボイラーだけは取り出してほしい』といった

被災者に寄り添ったまごころ溢れる対応は、この時から脈々と受け継がれている。その一つの証として、撤収する陸自部隊に被災者の方々から惜しみない拍手が送られた（写真提供・神戸市）

ニーズもありました。中には、『コンタクトレンズを探してほしい』と言うのもあり、さすがにそれは無理だと思いましたが、ケースに入れて保管していたこともあり、見つけられたんです（笑）。逆に、壊れていないピアノを発見し、こちらから家主さんに届けたケースもありました。ですが、その方はどうやら今回の地震でお子さんを亡くされたようで、『子供を思い出すのでいらないです……。申し訳ないがつぶしてください』と、切ない要望を受け、それにこたえるため重機で壊して撤去しました」

発災から日数が経過していくと、助かった被災者の生活支援も重要な任務となった。大量の食事や水を供給できるのは、日本では自衛隊しかない。今では良く知られた活動であるが、今ほど国民に認知はされていなかった。

陸自の精鋭部隊である第1空挺団も災害派遣され、生活支援に当たった。過酷な訓練を行なう彼らも、現場では戸惑った。当時活動した3曹だった隊員に話を聞いた。

「私は給水活動を行ないました。給水場所まで来れない人も多くいるに違いないと考えて、こちらから水を詰めたタンクを手に持って、被災地を回りました。ある住宅街では、足の悪いお婆さんと出会いました。水を渡すと、『ありがとう、ありがとう』と何度もお礼を言ってれました。そして自分が食べるものもない中、こんなことしかできないけど……と、おせんべいを渡してくれました。受け取れない、と断りながらも、私はうれしくて涙が出てきました」

一つの作業として、災害派遣をこなすのではなく、しっかりと国民と向き合い、時にはともに涙を流してきた。これは、後の災害派遣においても受け継がれていった。

●平成に残していく悲しみ

未曾有の震災から、25年が経とうとしている。震災後に生まれた子も成人し、今では日本の新しい力となっている。

平成の世は、その後、いくつもの大規模災害に見舞われることになる。もはや、多くの人にとって、阪神・淡路大震災は終わったものとされている。

しかし、まだ被災者を取り巻く問題がすべて解決したわけではない。自宅を失った被災者に対し、自治体が用意した「借り上げ復興住宅」は、20年の借り上げ期限に達した。しかし、移住を望まぬ被災者と自治体が裁判で争う事態となっている。また被災者に貸し付けた「災害援護資金」は、まだ70億円近くが返済されていない。多くが高齢者となり、生活再建をあきらめた方々が存在している。

平成という一つの時代が終わることで、一区切が付いたという方もいれば、今なお、震災の悲劇を引きずっている方も多くいることを忘れてはならない。

一つ言えることは、自衛隊は、この震災から多くのことを学んだ。そしてそれを教訓として、法律を変え、制度を代え、装備を新たにしていった。

第3章　自衛隊の災害派遣改革

●災害派遣の考え方を整理

阪神・淡路大震災は、日本に大きな教訓と課題を残した。1995（平成7）年はまさに災害派遣元年となった。

大前提となる自衛隊の災害派遣の要請については、都道府県知事の要請が絶対必要である点はこれまでと変わらない。

たとえばゲリラ豪雨など、局地的な災害により、一部の市区町村が壊滅的なダメージを受けたと仮定する。その場合、当該市区町村長が災害派遣要請を出した方が初動対処は早そうだ。しかし、各市区町村では、自分の街の被害は、把握出来ていても、近隣市区町村をふくめ、被害の全容は見えていないケースが多い。

そこで、手続き上としては、市区町村長から都道府県知事に対し、「自衛隊の災害派遣の要請をお願いする」という形をとる。これを受け、都道府県知事が、要請を出すかどうかを決める。必要とあれば、自衛隊に対して災害派遣要請を出し、それを受けて、自衛隊が出動する。

ただし、災害の状況から、これは自治体や民間の力では対処不可能と防衛省が判断した場合、防衛大臣また防衛大臣が指定する者（陸上総隊司令官や方面総監など）に、災害派遣出動を通知できる方法もある。

また、「大規模地震対策特別措置法」や「原子力災害対策特別措置法」に基づき、国が派遣を決める場合もある。内閣総理大臣からこれら特別措置法に基づく警戒宣言が出されれば、防衛大臣は部隊の派遣を命ずることが出来る。

都道府県知事からの災害派遣要請は、文書で行なわれるのが基本だった。しかし緊急の場合の要請は、口頭、電信、電話でも出来ることになった。ただし、後日文書での提出は必要であるが、それでも、この流れで、出動はスムーズに行なえるようになった。日本のお役所で、「書類は後でもいい！」ということがどれほど画期的であったことか。

その結果、災害派遣要請が出されるまでのスピードはどんどん速くなった。阪神・淡路大震災では、4時間近くもかかっていたのがうそのようだ。

●拡大された自主派遣

阪神・淡路大震災のときから自主派遣については明記されていたが、あやふやな部分が多かったので、初動に遅れをとったことは否めない。そこで、こちらも改めて整備していった。

防災訓練にて、土砂に埋もれた車両から要救助者を助け出した陸自隊員たち。彼らが着用しているレスキューベストや腰回りにぶら下げている救助用工具は、阪神・淡路大震災を契機に配備されたもの

自主派遣の基準は3つある。

①関係機関への情報提供のために情報収集を行なう必要がある場合。

②都道府県知事などが要請を行なうことが出来ないと認められるときで、ただちに救援の措置をとる必要がある場合。

③人命救助に関する救援活動の場合などのほか、防衛省の施設やその近傍に火災などの災害が発生した場合。

この3つの基準の解釈を変え、もう少し自衛隊が柔軟に対応できるようになった。

①に関しては、震度6以上の地震が発生したら、必ず非常呼集されるようになった。陸自で言えば、各師団や旅団の第2部や、各連隊の第2科など、情報収

多用途ヘリUH-1Jを使い、要救助者を収容する。この方法ならば、着陸する必要がないため、駐機スペース等を考えずに、どんどん収容し、病院へと搬送していくことが出来る

集を専門に行なうセクションなどは、震度５弱で集められ、情報収集をすべく準備を行なう。ヘリを飛ばし、防衛警備区内を上空から確認する。各連隊、大隊単位でも、車両で部隊の担当地域の情報収集を行なっていく。

空自や海自についても、震度５弱以上の揺れを感知したら、航空機を飛ばして上空から確認するようにしている。車両を使って、基地近傍の情報収集をすることもある。

②については、たとえば要請を出すべき自治体の長が、地震や津波に巻き込まれて死亡してしまった、または庁舎が崩壊し、災害対策本部として指揮能力を取り戻すまでに時間がかかる場合などが考

えられる。そこまでの災害となれば、「大規模地震対策特別措置法」に基づき、内閣総理大臣が災害対策本部長となって指揮を執ることになるかもしれない。いずれにせよ、災害派遣要請を出す人がいなくなったケースを想定している。

③については、基地や駐屯地など防衛省の施設のそばで災害が発生し、一刻も早い救助が必要な場合だ。たとえば火災が発生し、早く鎮火出来れば延焼を防ぐことが見込まれるが、消防の到着よりも自衛隊が先となった場合は消火活動しても良い、というもの。

これまでも自主派遣は認められていたが、この①から③を遂行するにあたり、躊躇するな、という風潮ができた。仮に自主派遣したが、人的被害もなく、規模は限定的で小さければ、素直に「大きな被害なし、われわれが災害派遣するほどではない」と報告する。これについて、「なぜ自主派遣したのか、無駄ではないか」と叩かれることは、今の日本では考えられない。国も国民も、災害対処について、考え方が大きく変わったことも大きい。

●災害派遣用装備

自衛隊が災害派遣されたとしても、救助用ツールを配備していないので、現場で効率的な作業が出来なかった。防御陣地を構築するための重機などはあったが、ほとんどが人海戦術と言う名の手作業だった。

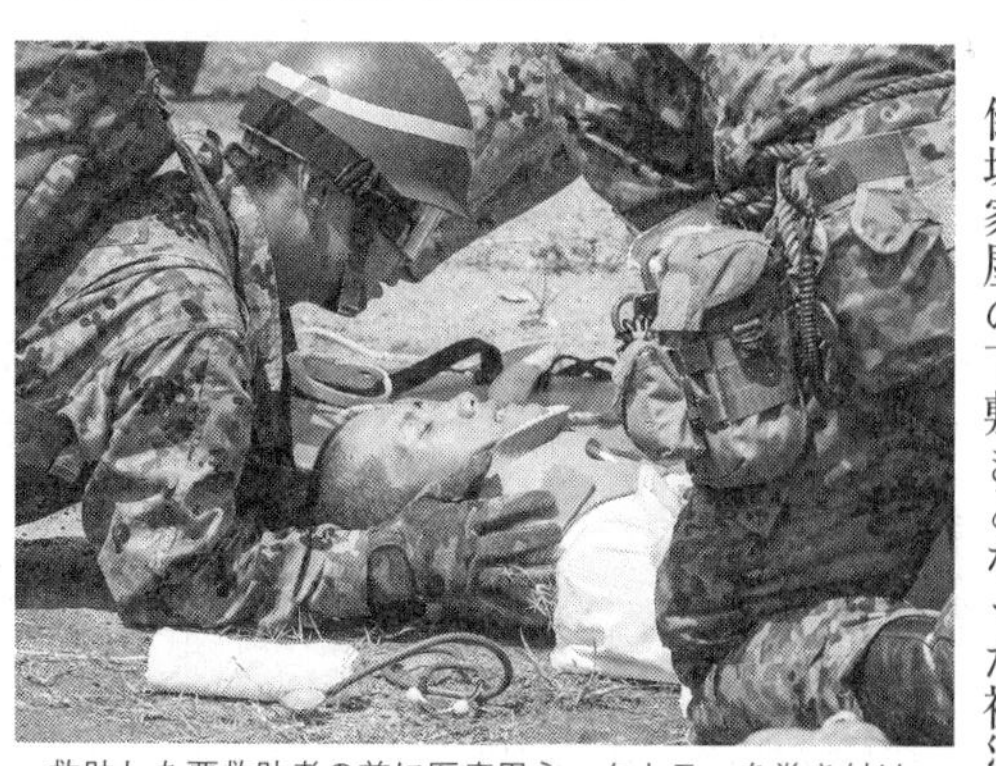

救助した要救助者の首に医療用ネックカラーを巻き付け、頸椎をしっかり固定する陸自隊員。こうした災害医療に基づく救助方法は消防から学んだ

倒壊家屋の下敷きとなった被災者の捜索や救出用の装備は何一つない。そこで工具を応用して使う、隊員たちがコンクリート片をバケツリレーのように運んでいくなど気の遠くなるような作業を強いられた現場もあった。瓦礫の中が見られないので、その下に被災者がいるのは分かっていても、どう救助すべきか頭を悩ませた。不用意に瓦礫をどかしてしまったがために、崩落してしまっては意味がないからだ。鉄筋コンクリートを細かく切断する道具も必要だった。

そこで震災1年後となる1996（平成8）年に、陸自は「人命救助システム」を配備した。さまざまな救助ツールをすべて1つのコンテナに収容してある。災害派遣要請がかかれば、このコンテナごとトラックでけん引するかヘリで吊り下げて運ぶことも出来るし、必要になったときに、必要なものだけを取り出す倉庫としても使える。

1つのコンテナには2個中隊用の救助資機材が保管してある。まず個人用装備として、隊員が災害現場へと持っていくバックパックがひとり1個ずつ準備してある。迷彩服と同じ柄で、リップストップ加工された生地で出来ており、作業中に何かに引っかかっても破けないようになっている。このバックの中には、鋸状の歯を有したフォールディングタイプの「多用途ナイフ」、斧、ピック、鋸、バール、ガス栓止めといった機能のある「ピック付き手斧」、長さ4・4メートルの「スリングロープ」、肩・背中・胸の部分にケブラー繊維を使い、難燃性の素材を用いた「レスキューベスト」、ケブラー繊維によって織られた「特殊作業手袋」、「防塵マスク」、「ゴーグル」などが収められている。

中隊用装備として、救助専門資機材も多数導入された。まず鉄筋等の切断に用いる「カッター」。エンジンポンプから動力を得る仕組み。切断力は34トンにも及び、最大12・5センチの鉄筋を切断できる。衝撃でゆがんで開放不能となった扉をこじ開ける「スプレッダ」もある。最大4・3トンもの力で、61・5センチまで開放可能。逆に閉じるときの引張力は6トンもある。エンジンポンプから動力を得る他、手動ポンプで代用もできる。この「カッター」と「スプレッダ」は、消防レスキューも使用しており、世界でも定評のあるルーカス社製だ。

救助の妨げとなる横転した車両や重量物を持ち上げるため、「エアジャッキ」を配備した。見た目はゴムの板でしかない。だが、空気ボンベから高圧空気を送り込むことで、ゴムが風船のようにどんどんと膨らんでいく。持ち上げ荷重は、最大でなんと17・7トン。これならば大抵の重量物が持ち上げられる。もし空気ボンベが空になっても、足踏み式の手動ポンプを用いることで、膨らませることが出来る。

同じように重量物を持ち上げることが出来る「レフレクター・ジャッキ」というものもある。こちらは強力な〝つっかえ棒〟というべきもの。エンジンポンプか手動ポンプにより、つっかえ棒が伸びていき、重量物を押し上げる方法となっている。持ち上げ荷重は、最大で19トン。一人で持ち運べる可搬性の高さが特徴だ。消防でも使用している。

個人用装備として、一人で担いで使用できる「油圧式カッター」、「手動ウィンチ」、「ピストン式破壊工具」、「エンジンカッター」、「チェーンソー」といった資機材もある。

倒壊家屋や土砂の下敷きとなった人を確認するため、「破壊構造物探索器」という

人命救助システムの中の個人用装備一式。災害派遣要請がかかれば、陸自隊員たちはこれらを身にまとい、災害派遣出動を行なう

個人用装備の一部。リュックの中には救助に必要な小物を収容。腰にはピック付き手斧をぶら下げる

車両などの重量物を持ち上げるためのエアジャッキ。写真のようにゴム板がまるで風船のように膨らんでいき、持ち上げていく仕組み

ものも配備された。全長3メートルの筒を瓦礫の間に差し込み、筒内にあるレンズ付き光ファイバーケーブルで、埋没者の状況を確認できる。これは救助方法を決めるうえで重要だ。先端部分には照明も内蔵されているので、暗所でももちろん使える。消防レスキューも保有する「ボーカメ」と同じ装備だ。また、「捜索用音響探知機」もある。振動センサー及び音響センサーを使い、倒壊家屋内の様子を音で確認する。こちらも消防レスキューが使う「地中音響探査機」と同じものだ。

まだまだいろいろな救助ツールがある。いずれも、消防や警察の救助隊と同じ、もしくは同等のものだ。そして、この後、不幸にも起きていくいくつもの災害現場で自衛隊が保有する救助資機材は有効利用されていった。

●海自唯一の災害対処部隊創設へ

海上自衛隊には、唯一といっていい、〝災害派遣対処陸上部隊〟とも言える存在がある。それが機動施設隊だ。青森県にある八戸基地に所在しており、1等海佐の司令以下、人員約80名で構成されている。八戸基地のホームページによると、『陸上自衛隊で対応しにくい離島や沿岸地域での災害救助活動や、基地施設の維持、修理、整備、飛行場除雪支援を行なう部隊』と紹介されている。

時にスタートを切った。

じつはこの部隊は、歴史が古い。前身となったのが、１９７７年12月に新編された航空施設隊だ。時代は東西冷戦真っ只中、ソ連による北方脅威が叫ばれていたそんな時にスタートを切った。

もしソ連の航空部隊が日本に攻めて来たと仮定した場合、日本の制空権をいち早く手に入れようとする。制空権とは、文字通り空を自分たちの領域とする権利のこと。現在は、航空優勢という言葉を使用している。もし、空を手中にできれば、敵の航空機が飛んでこないばかりか、その下にある海も陸も友軍が行動できることになる。ソ連は、空を制した後、その下で艦艇をどんどんと日本海やオホーツク海に展開させ、北海道や東北地方に陸上部隊を上陸させようとしていた。

それを成し遂げるため、ソ連は爆撃機などで北海道や東北エリアの滑走路という滑走路を破壊する可能性が考えられた。滑走路がなければ物理的に戦闘機を飛ばすことができなくなる。

しかしながら、もし滑走路を破壊されたとしても、すぐに応急復旧させれば、また航空機を飛ばし続けることができるようになる。そこで八戸基地に海自施設部隊として、航空施設隊が創設されることになった。なお航空自衛隊にも航空施設隊は存在し、航空機を運用するすべての基地に編成されているが、海自で航空施設隊が作られたの

東日本大震災では、青森県内で瓦礫の撤去を行なった機動施設隊。海自唯一の災害派遣対応型施設部隊だ。敵に破壊された滑走路を数時間で修復し再び使えるようにする高い技術を災害派遣に応用している（写真提供・海上自衛隊）

は八戸基地だけであった。しかしながら海自航空施設隊は3個施設隊編成となっており、いざというときは遠征するという考え方だ。つねに滑走路や基地内の道路、建物の復旧などを訓練しているが、冬季は滑走路の除雪を行なうのも重要な仕事であった。

時代を経て、東西冷戦は終結する。ここで、陸海空自衛隊は戦術の見直しをはかる。

海自は、航空施設隊を改編することにした。もはや、滑走路を破壊する敵が事実上消滅したからだ。もう一つの要因が、阪神・淡路大震災であった。航空施設隊が持つ高い能力を災害派遣にも生かせるはずだと考えられたのだ。

そこで航空施設隊は24年の歴史に終止符を打ち、2001年6月27日に機動施設隊として生まれ変わった。新たに1個施設隊が加わり、トータル4個施設隊体制となった。これまで保有してきた重機はそのままに、災害派遣でも活用できる電動カッターやチェーンソーなどの救助用資機材も導入した。給食支援も行なえるように野外調理セットや簡易トイレ、大型シェルターなど海自では初めてとなる装備も多数配備された。

初代司令である澤地泰裕1等海佐（当時）は、私が2002年に行なったインタビューに対し、「とにかく部隊を知ってもらいたい。そのため防災訓練などに積極的に顔を出していきたい」と語っていた。実際のところ、発足当時ということもあってか、海自内でも知名度が低かった。「八戸市の防災訓練に参加したとき、〝海自さんにもこんな部隊があったんですね〟と驚かれました。やはり海自のイメージは海。陸上で重機を使って作業する姿は珍しかったようです。要請する側である自治体関係者は当然ながら市民の皆様にも知っていただきたい」（前同）

そんな機動施設隊は東日本大震災でも大活躍した。部隊のホームグランドである青森県八戸市も大きな被害を受けており、主な活動場所は拠点周辺となった。そこで、重機や工作資機材をつかって機動施設隊は瓦礫の撤去などの活動を行なった。機動施設隊だけでダンプカー約420台分の瓦礫を撤去している。

機動施設隊は、頭に〝機動〟を冠している通り、あらゆる場所に出向いて活動を行なうことが可能だ。出動がかかれば、輸送艦に乗り込んで、日本各地へと出向いていくことになる。

東日本大震災で意外な活躍を見せたのが、各護衛艦に乗艦している応急工作員たちであった。彼らは敵艦艇や航空機による攻撃で護衛艦が損傷したときに、それを復旧させるのが役割である。1隻あたり数名しか乗艦していないものの、そんな彼らを各護衛艦から集め、災害派遣に投入すれば、戦力となる。阪神・淡路大震災では、倒壊した建物や高速道路などで道路が寸断されるなどし、使える道路はすべて大渋滞となった。海自のテリトリーである海から艦艇やヘリを使って、応急工作員を始めとした救助部隊、救援物資等を効率的に運べるはずと考えられていた。当時もそうした考えはあったが、今ほどヘリが搭載できる艦艇の数もなく、実際、阪神・淡路大震災では思ったほどの活躍が出来なかった。

このときの悔しさは、東日本大震災で見事返上した。応急工作員をヘリに乗せ、陸自だけではなかなか手が回らなかった離島に展開し、瓦礫の撤去などを行なった。

しかし、ブルドーザーなどの大型資機材は保有していないため、作業はスコップや工作用器材しかなく、困難を極めた。

今後は、機動施設隊と各護衛艦の応急工作員が協力し、海自特別施設部隊を作りたいと話す海自幹部がいた。これが成し遂げられれば、さらに効果的な活動が出来るのは間違いない。

●警備犬の有効活用

航空自衛隊には、〝装備品〟の一つとして警備犬がいる。現在約200頭が日本中の基地にて活動を行なっている。

1961年に歩哨犬として12頭が空自に配備されたのが始まりだ。自衛隊の発足が1954年であり、戦闘機部隊や輸送機部隊などの各部隊が整備されていくのとほぼ同じタイミングで歩哨犬も〝配備〟されたことになる。このときは高倉寺分屯基地（愛知県）にて一括して、歩哨犬の管理・教育を行なっていた。その後、各基地の基地業務群管理隊警備小隊の中に歩哨犬管理班が編制され、歩哨犬の管理・運用を行なっていた。

2013年、歩哨犬という呼称方法を改め、警備犬とした。歩哨とは、警戒監視することを指す言葉である。しかし、阪神・淡路大震災後、災害派遣に活用していこう

空自入間基地の警備犬管理班による倒壊家屋と想定した建物からの救助訓練の様子。歩哨専門だったが、災害派遣における捜索活動などでも活躍が期待されている

という考えに代わった。実際に東日本大震災で活躍したことから、従来の歩哨に加え、災害警備も出来ることが証明された。なおかつ今後はＶＩＰの護衛任務なども付与されていく可能性もある。そこで、〝警備〟活動全般を行なう〝犬〟として、警備犬という呼び方を採用した。

警備犬は、自衛隊の他の装備品同様に、入札方式となっている。基礎訓練が行なわれた1歳以上の犬として募集し、民間から購入する。

すべて一旦、入間基地の警備犬管理班に集められる。ここで、空自警備犬としての訓練を実施し、完成した犬から順番に各基地の警備犬管理班へと渡されていく流れだ。

入間基地では年間を通じ、平均して約20頭が飼育されている。犬種は、ジャーマンシェパードだ。賢く、従順であり、攻撃能力が高いことから、世界中で警備犬として採用されている。これに加え、ラブラドールレトリバーも試していくところだそうだ。

海自でも部隊規模は小さく保有数も少ないものの警備犬がいる。中でも呉造修補給処貯油所の警備を行なっている警備犬は、災害派遣に活躍していることで有名となった。2000年に入ってから、保安科警衛係の隊員が、警備犬のスキルアップのため、行方不明者の捜索を訓練に取り入れたことが始まりだった。数名の隊員と警備犬による手探りの特訓からはじめ、今では実際の現場で活躍している。今のところ海自では、正式な部隊としての警備犬部隊を創設するような動きはない。しかし、空自警備犬と訓練をしたり、NPO法人「救助犬訓練士協会」から技術を学ぶなどし、スキルアップを図っている。

●変わったのは自衛隊だけではない

阪神・淡路大震災で辛酸をなめたのは自衛隊だけではなかった。

レスキューのプロである消防や警察も阪神・淡路大震災では歯がゆい思いをした。その反省を踏まえ、早速新しい部隊の着手、機材の導入を果たしていく。

阪神・淡路大震災の教訓を元に、東京消防庁に発足したハイパーレスキューによる訓練の様子。他の消防レスキュー部隊よりも高度な救助技術、そして救助資機材を有する特別部隊だ。いくつもの災害現場で活躍している

ハイパーレスキューは、大型の救助用重機を多数配備している。これにより倒壊家屋や土砂埋没家屋からの救助、車両多重衝突事故により閉じ込められた人の救助など、特殊な救助シーンにも対応できるようになった

日本最大の消防機関である東京消防庁は、大規模な災害や事故などに対処できる「特別救助隊」を1969年に編成した。特徴は特別な訓練を施し、消防署救助隊よりも優れた救助資機材を配備していることだった。しかしながら、彼らをもってしても、阪神・淡路大震災では充分な対応ができなかった。

そこで、1996年12月17日、大型の重機や特殊車両に加え、人命探査装置などハイテク器材も導入し、機動力も合わせ持つ「消防救助機動部隊」が発足した。通称〝ハイパーレスキュー〟と呼ばれる部隊だ。どんどん部隊を増やし、今では第2消防方面本部（大田区）、第3消防方面本部（渋谷区）、第6消防方面本部（足立区）、第8消防方面本部（立川市）、第9消防方面本部（八王子市）の5つの方面本部がハイパーレスキューを編成している。

2016年からはヘリコプターでの機動展開を行なう「航空消防救助機動部隊」を発足した。こちらは〝エアーハイパーレスキュー〟と呼ぶ。東京ヘリポート（江東区）と立川防災基地（立川市）にそれぞれ1隊ずつ、計2隊を編成している。

ハイパーレスキューの名を一躍全国区にしたのが、2004年の新潟中越地震での活躍だ。地震により崩落した土砂が、走行していた車両に降りかかり数台が埋没した。その捜索を警視庁と東京消防庁ハイパーレスキューが担当。そして92時間後、土砂の中から2歳の生存者を無事救助した。この様子は生中継され、奇跡として伝えられている。残念ながら一緒に車に乗っていた母親と姉は死亡していた。発見された幼児は祖父母の元ですくすくと成長。震災から10年の節目を迎えた2014年。12歳となった彼は、マスコミから将来の夢について聞かれると「人を守るため、自衛官になりたい」と語っていた。

全国の警察本部に誕生した広域緊急援助隊。都道府県警察の管轄の垣根を取り払い、いつでも応援に駆け付ける体制を維持。消防レスキューに匹敵する高い救助技術を有したP-REXも発足させた

総務省では、こうした特殊な救助事案にも対応できるよう、2006年4月1日、「救助隊の編成、装備及び配置の基準を定める省令」の一部改正を行なった。これにともない、『東京都及び政令指定都市』は「特別高度救助隊」、『中核市と消防庁長官が指定するそれと同等規模もしくは中核市を有してない県の代表都市を管轄する消防本部』には「高度救助隊」という特別レスキュー部隊を配置することにした。各消防

防災訓練において、ハイパーレスキュー等を空輸する陸自輸送ヘリCH-47Jチヌーク。阪神・淡路大震災以降、公助機関は協力体制をより強固なものとすべく訓練を実施している

局や各消防本部により名称は異なり、「ハイパーレスキュー」や「スーパーレスキュー」、「スーパーレンジャー」などと呼んでいる。いずれとも特徴は、通常のレスキュー部隊にはない救助資機材を配備し、より高い救助技術を修得している点だ。今では消防の花形部隊となっており、こうしたハイパーレスキューやスーパーレスキュー要員になりたいために消防を目指す若者が増えている。

警察も同様だ。警視庁を始め、各都道府県警察には、警備部というセクションがある。その警備部の実行部隊が機動隊だ。警察機動隊と言えば、全身をプロテクターで覆い、ジュラルミン製の盾を構えて、デモ規制や暴動鎮圧などを行なう任務で知られているが、災害警備も本来任務にある。警視庁には機動救助隊という救助技術を修得した機動隊員で編成された部隊もあったし、各警察本部においても、これまで幾多の災害現場へと派遣されてきた実績はあった。しかしながら、やはり阪神・淡路大震災ではその力を発揮できなかった。

そこで、１９９５年６月、各都道府県警察本部に機能別部隊として「広域緊急援助隊」を新編した。名前の通り、警察本部の管轄にとらわれることなく、広域での救助活動を行なうのが任務だ。

そして先述した２００４年の新潟中越地震においてハイパーレスキューが実施した高度な救出救助活動能力が、警察にも必要であると判断される。そこで２００５年より、広域緊急援助隊内に、特別救助班Ｐ－ＲＥＸ（Police Team of Rescue Experts）を編成した。最初は警視庁を始めとした12都道府県警察本部からスタートし、徐々に数を増やしている。

広域緊急援助隊は、救出救助部隊がメインの柱となっているが、その他、被災地における警察活動全般を行なえるような編成となっているのが特徴だ。まず、「先行情報班」が被災地の情報収集活動を行なう。そして「救出救助班」と「Ｐ－ＲＥＸ」が救助や捜索活動を実施する。これらは警備部各課、機動隊等で構成されている。被災地では信号機が機能していないため、交通部で構成される「交通対策班」が交通整理等を行なう。ご遺体が発見されると、刑事部で構成される「検視班」「被災者対応班」が、身元の特定、遺族対策、被災者の心のケアを行なう。

被災地を捉えたニュース映像には、迷彩服の自衛隊とともに、オレンジ色（消防）、青と黄色（警察）の活動服を着た隊員たちが必ず映っている。彼らもいざというときにわれわれを守る頼もしい存在だ。

●災害医療知識も必要不可欠に

また阪神・淡路大震災では、「ただ助ければ良い」という救助方法を改めることにもなった。それが「クラッシュ・シンドローム」だ。医学界では知られた言葉であったが、自衛隊を始め、消防や警察の救助部隊には、ほとんど認知されていない言葉だった。

たとえば、倒壊家屋の下敷になり、足が重量物に挟まれていて動けなくなった要救助者を想定してみよう。意識ははっきりしており、会話もできる。そこへ救助部隊が到着。彼らは当然ながら、足を挟んでいる重量物を破壊または除去し、要救助者を助ける。どうやら要救助者の足は骨折していない。笑顔で「助けてくれてありがとう」

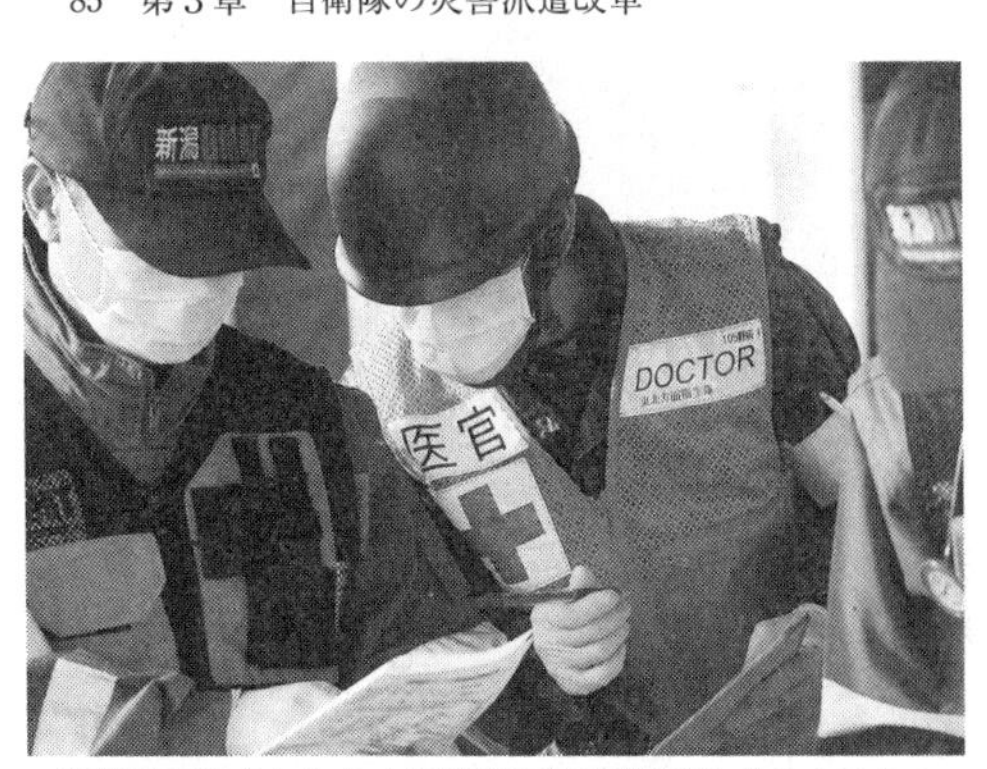

宮城県で行なわれた大規模災害対処訓練「みちのくアラート」にて、新潟DMATの医師と協力する陸自医官

と返すほど元気だ。念のため病院へ行くも、命に別状はなく、大きなけがもない。しかし、数日後、その要救助者は、突然亡くなってしまった……。これが「クラッシュ・シンドローム」だ。正確な数字は出ていないが、阪神・淡路大震災で倒壊家屋等から救助された方のうち、約50名が後から亡くなっている。

体の一部は長時間圧迫されていると筋肉が損傷する。これにより筋肉細胞が障害を起こし、壊死する。この状態になると、たんぱく質やカリウム、乳酸が、血液中に大量に漏れていく。これら毒性のあるものが血中に徐々に蓄積されていくのだ。そんな時に圧迫されていた部分を解放すると、毒生物が、血液を一気に流れ、体を駆け巡り、全身へと広がっていく。その結果、数時間後に心臓の機能を悪化させ、死に至らしめるのだ。本来、重量物の下敷きにある人こそ、ゆっくりと時間をかけて助け出さなければならないのだ。

阪神・淡路大震災までは、「一刻も早く助けなければ」という思いがあり、「もしかしたらクラッシュ・シンドロームの可能性があるかも」と考えた自衛隊員はほとんどいない。あるていど医療について学んでいた消防隊員ですら、現場の雰囲気にのまれ、「早く助けなければ」と焦り、そこまで考え至らなかったのだから仕方がないと言えばそうだが、もし、その知識があれば、約50名の方は命を落とさずにすんだかと思うとやりきれない。

そこで、阪神・淡路大震災以降、災害医療こそ重要であると考え直された。そこで、救助部隊に対し、医療的な助言をしたり、救助方法を指導したりと、災害現場で共に活動する医師や看護師、事務員で構成される災害派遣医療チームが創設された。Disaster Medical Assistance Team の頭字語をとって「ＤＭＡＴ」と命名された。阪神・淡路大震災以降、被災地にある病院の医師が災害現場に立ち会うようになった。だが災害現場は危険なので、特別な訓練を積み、特別な装備が必要であると判断され、２００５年４月、厚生労働省が管理するＤＭＡＴが発足した。ＤＭＡＴ指定医療機関に出動要請がなされると、消防と連携し、被災地へ向かう。現場では、自衛隊や警察とも連携をとって活動を行なう。生存する可能性が高い発災後48時間が活動の基本とされているが、その限りではない。

救助に関わる隊員の中には、「自分もあるていどの医療知識を修得したい」と考える者も出てきた。そこで注目されたのが「外傷病院前救護ガイドライン」だ。その外傷教育を行なうのが「ＪＰＴＥＣ（Japan Prehospital Trauma Evaluation and Care）」だ。病院に運ぶ前にできる応急処置等を学ぶもので、救急救命士養成のコースとして認知されているが、今では警察官や自衛官なども多く受講している。

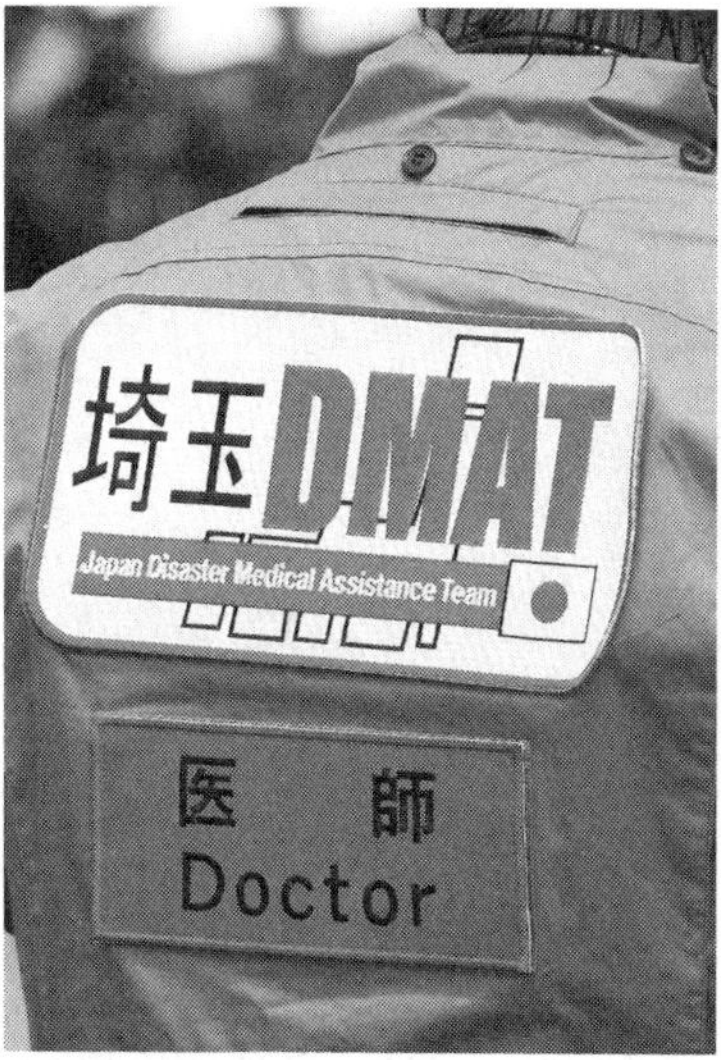

埼玉DMATの医師。このように各都道府県名を掲げたワッペンを背中に付けている。救助部隊に医学的見地から助言をする

受講を志したある自衛官に話を聞いた。「防災訓練で、消防や海保と一緒に訓練することがありました。そのとき彼らの会話がほとんど理解できなかった。まるでＴＶドラマの〝手術シーン〟のように見えました。なんとか言葉を読み取ろうにも、専門用語やアルファベットを繋げた略語

「みちのくアラート」にて、患者搬送を行なう陸自衛生隊員と宮城DMATの看護師ら。要救助者の完全なる社会復帰を成し遂げるために、救助現場には、災害医療の知識のある者が必要不可欠だ

ばかりで皆目見当もつかない。これでは、もし災害派遣されたとしても、実際の現場で置いてけぼりをくらうのでは、と危機感を覚えました。それが受講の理由です」

別の自衛官から聞いた話はこうだった。

「救助される方は救助する人を選べません。もし外傷がなければ、何の医療知識もない私たちは、〝急げ、急げ〟と、人海戦術でその方を掘り起こして、消防に引き渡して、『良かったね』で終わりとなります。しかし、『クラッシュ・シンドローム』もそうですが、脊椎に損傷がある人を闇雲に引っ張り出すのは危険です。命が助かったとしても、その後一生車いす生活やベッドで寝たきり生活となる可能性が高い。災害医療の知識がある消防や警察に救助されていたら、その方は震災前と同じ何不自由ない生活が送れたかもしれないのに……。自衛隊に助けられたせいで、なんて、そんな不公平は絶対にあってはなりません」――。

現在、自衛隊を始め公助機関には、〝助けるのは当たり前〟であるとともに、〝助けた後も障害を持たず、完全なる社会復帰ができるようにする〟という高いレベルが求められている。

そのため、「一刻も早く助ける」という考えを改め、「時間をかけて確実に助ける」という考え方に代わっている。もちろんケースバイケースではあるが、「クラッシュ・シンドローム」を防ぐには、丁寧な救出活動が必要だ。

そして救助隊員の一部であっても、災害医療に関する知識を持つ者が現場にいれば、救出作業効率を重視するだけでなく、要救助者のその後の長い人生をも守ることになる適切なアドバイスが出来る。

救助に関して、ここまでの医学的知識が求められていることはあまり知られていない。

第４章　予備自衛官と初動対処部隊

●防衛省スタート

平成に入って、自衛隊を取り巻く環境の変化の中でいちばん大きかったのは、防衛庁から防衛省へと格上げされたことだ。

平成に入ってからの防衛庁及び防衛省の歴史を振り返ってみよう。

まず、最初の大きな動きを見せたのが、2000（平成12）年4月26日に行なわれた防衛庁移転だ。それまで防衛庁は、港区赤坂にあった。六本木交差点から乃木坂方面に入った場所だった。それを現在の市ヶ谷へと移転した。移転先は、もともと第32普通科連隊等が駐屯していた市ヶ谷駐屯地だった。これにともない第32普通科連隊は、埼玉県にある大宮駐屯地へと移駐した。なお、広大な防衛庁跡地は、民間に払い下げられ、現在は東京ミッドタウンとなっている。

2001年1月6日、中央省庁再編により、防衛庁は内閣府の外局となる。ここから省へと昇格を迎えるため、部局の整理や統合が行なわれていった。

そして、2007年1月9日、防衛省となった。最後の防衛庁長官であり、最初の防衛大臣となったのは、久間章生（きゅうまふみお）氏だ。防衛省正門に掲げられている「防衛省」の看板は、久間氏が書いたものだ。

市ヶ谷駅から徒歩10分程度の場所にある防衛省。ながらく置かれていた六本木からこちらへと移転し、現在に至る。写真の一番左側にある建物が、各幕僚監部が置かれているA棟

第2代防衛大臣の選出について話題になった。着任したのは現東京都知事である小池百合子女史だった。防衛庁時代をふくめ、女性が自衛隊のトップとも言うべきポストに就いたのは彼女が初めてだった。ただし在任期間は、２００７年7月4日から同年8月27日までと短かった。だが、現在も自衛隊における存在感は色濃く残る。選挙区内に陸自第1師団が司令部を置く練馬駐屯地があり、防衛大臣をおりた後も、第1師団創立記念行事や年越し餅つき行事に参加するなどしている。東京都知事となった際は、災害派遣要請を出す側となり、より第1師団との関係は深まった。

日本国憲法第66条に、「内閣総理大臣

ニュース映像でも見慣れた防衛省内会見室。そこで記者に応える小野寺五典防衛大臣（当時）

と国務大臣は、文民でなければならない」と明記されている。これは、軍部と政治が一つとなった太平洋戦争の二の舞を避けるためである。よって、防衛大臣は、自衛隊を管理運営する長でありながら、けっして自衛官はなることができない。

第14代目を務めた中谷元氏は防衛大学校を卒業し、陸上自衛隊に幹部として入隊。第20普通科連隊の小隊長等を経験し、2尉で退官している。現職の自衛官は国務大臣にはなれないが、元自衛官ならば問題はない。とはいえ、彼が第67代目防衛庁長官を務めた時は問題視された。これが初の自衛官出身の長官誕生ケースとなったからだ。シビリアンコントロールの原則に反するのではないかと、ちょっとした議論を招いた。なお、第11代目の防衛大臣を務めた森本敏氏も元航空自衛官だ。ただし彼の場合、話題になったのは、元自衛官というよりも、初めて政治家ではなく、民間人防衛大臣となったことだった。

今のところ一番任期が長かったのは、小野寺五典（いつのり）氏である。12代、17代、18代と3期、約3年務めている。小野寺氏は宮城県気仙沼市出身。東日本大震災のときは選挙区である宮城6区は深刻な被害を受け、小野寺氏の実家も全壊した。そうした経験から、防災には力を入れ、かつ自衛官たちが任務を全うしやすくなる環境作りをしたことで、現場から信頼が厚かった。2018年10月3日に行なわれた大臣離任の挨拶では、涙を流しながら最後の挨拶をし、隊員の心を打った。

●即応予備自衛官の発足

自衛隊には〝正規自衛官〟の他に、〝予備自衛官〟がいる。

防衛警備や災害派遣など、日本が有事に見舞われた際に、招集がかけられる自衛官だ。普段はサラリーマンとして会社に勤め、日本のピンチに際し、スーツから迷彩服に着替えて、危機に立ち向かうスーパーマンのような存在である。もちろん会社員というのは一例で、料理人、主婦、スポーツ選手、お笑い芸人にグラビアアイドルなど、さまざまな〝本業〟と掛け持ちしている方々がたくさんいる。

このような予備役制度は、ほとんどの先進国において導入されている。米軍では

Military reserve（予備役）と呼んでいる。

「国家の緊急事態に当たっては、大きな防衛力が必要です。しかし日頃からすべてを保持することは効率的ではない。そこで普段は必要最低限の防衛力を保持し、いざというときに急速に集めることが出来る予備の防衛力、それが予備自衛官制度です」と、予備自衛官の運営・広報を行なう、陸上幕僚監部予備自衛官室室長・森岡雄介1等陸佐は語る。これは日本だけでなく、世界で予備役制度が導入される一番大きな理由でもある。

まず一口に予備自衛官と言っても、『予備自衛官』『即応予備自衛官』『予備自衛官補』と3つに分かれる。

いちばん歴史が古いのが『予備自衛官』だ。1954年にまず陸上自衛隊で発足。その後、1970年に海自、1986年に空自にもそれぞれ発足した。「防衛招集命令を受けて自衛官となり、駐屯地等の警備、後方支援などの任務に就きます」（前同）

平成に入って新しく発足したのが『即応予備自衛官』だ。平成7（1995）年に出された「平成8年度以降に係る防衛計画の大綱について」（通称07大綱）に明記された新制度だ。「冷戦が終わり、国内景気が悪くなったことなどを受け、正規自衛官の数を18万人から16万人体制に削減することになりました。そこで、自衛官と即応性

防災訓練「ビッグレスキューかながわ」にて、要救助者を助け出す第31普通科連隊の即応予備自衛官たち。いつ招集がかけられても対応できるようにこうして訓練を欠かさない

の高い予備自衛官で構成するという方針を打ち出しました」（前同）。こうして、陸自において、1997年に発足した。現在のところ海空自には存在していない。

この2つの制度に共通しているのが、自衛官として1年以上勤務した人しかなれない点だ。そしてこの2つの制度における大きな差は、招集までの流れと訓練日数にある。

招集日数について。『予備自衛官』の場合、招集命令を出頭日の10日前までに出すという決まりがある。会社や家庭等の状況を考えて、準備に10日は必要であろうとの考えからだ。一方、『即応予備自衛官』は、それを5日間と短くしている。

訓練日数について。『予備自衛官』の招集訓練は、年間5日間と、かなり少ない。対して、『即応予備自衛官』は、常備部隊の中に組み込まれ、文字通り即戦力として期待されている。そこで、『即応予備自衛官』は年間30日間もの訓練が必要だ。

いずれも、予備と冠していること以外は、自衛官であることに変わらず、現役時代と同じ階級を有し、実弾射撃訓練なども行なう。勤務実績等も評価され、昇進することもできる。

さらに、平成14年、『予備自衛官補』制度がスタートした。前述の2つの制度と異なり、民間人がなることが出来る点で大きく異なる。予備自衛官を安定的に確保することを目的としており、「予備自衛官補」としての教育が終わると、本来自衛官しかなれない予備自衛官となることが出来る。

この新制度には、〝一般〟と〝技能〟の2つの採用区分がある。〝一般〟の場合は、3年間で50日間の招集訓練を行なう。この50日間という日数は、正規自衛官の新隊員教育とほぼ同じ。要するに自衛官としての基礎を〝通い〟で学ぶ、という考え方だ。

ユニークなのが、〝技能〟の採用枠だ。これは、一から教育するよりもすでに有効な資格を保持したものを採用することで、防衛省で教育をしなくてよいというメリットがある。医療従事者や英語、中国語、韓国語、ロシア語などの語学、情報処理、法務、放射線管理などの資格保有者の採用がある。

3つの制度、いずれかに属していれば、給料が支払われる。『予備自衛官』『即応予備自衛官』は、毎月の手当てとともに、訓練の参加日数に応じた手当が出る。『予備自衛官補』は、訓練手当のみだ。

予備自衛官制度は、来たるべき有事の備えとして必要だから存続している。もし日本に敵が侵攻してきた場合、予備自衛官たちにも防衛招集がかかるが、これを拒否すれば禁固3年以下の刑に服さねばならない。

招集がかけられればいつでもすぐに飛び出していく『即応予備自衛官』については、雇い主の理解も必要だ。訓練に30日間も参加するということは、毎年一か月まるまる特定の社員が会社にいないことになる。そこで、即応予備自衛官を雇用している企業については、「即応予備自衛官雇用企業給付金」として、年間約50万円が一人につき支給される。

現在、『予備自衛官』は47900人、『即応予備自衛官』は7980人、『予備自衛官補』は4600人いる。しかし、それだけの人が受け入れられますよ、という箱の大きさを示しており、実際はいずれの数字も下回っているのが現状だ。

備えあれば憂いなしという言葉がある。そのいざという時に日本を守るため、予備自衛官という制度があることを知っておきたい。

●予備自衛官たちの活躍

東日本大震災において、予備自衛官制度発足後初となる招集がかけられた。延べ2179名の即応予備自衛官と延べ441名の予備自衛官が、東北各地へと赴き活動を行なった。「三陸では、実家がつぶれ、ご家族も被災しているにも関わらず、招集を受け、行きますと答えた予備自衛官もいました。この例にもれず、被災者であり、自分も大変なのにも関わらず、助ける側に回った人も多かったです」（森岡室長）

防衛大臣が招集命令を発令し、地方連絡本部から該当者に招集令状を手渡しするのが招集までの流れだ。確実に本人の意思を

東日本大震災において、招集令状を受け取る即応予備自衛官（私服の男性）。自身も被災者でありながら、こうして現場に赴いた隊員は多かった（写真提供・陸上自衛隊）

東日本大震災にて生活用品を配る即応予備自衛官たち。予備自衛官制度発足後、初となる招集となったが、日頃の訓練の賜物か、即戦力となり、各被災地で大活躍した（写真提供・陸上自衛隊）

確認する必要があるため、このプロセスは非常に重要視している。

日頃から常備部隊とともに訓練を重ねている即応予備自衛官は、東北方面隊管内から集められた予備自衛官と異なり、全国から集められた。即戦力として、行方不明者の捜索や被災者への生活支援、物資輸送支援といった活動を行なった。予備自衛官は、米軍の「トモダチ作戦」をサポートするための英語の通訳や、全国から東北へと集まった部隊の管理などの駐屯地業務といった総務的な仕事を行なった。

熊本地震では、162名の即応予備自衛官に招集がかけられた。

この2度の大きな災害派遣は、予備自

衛官制度に改革をもたらせた。防衛招集を受けてから出頭までの5日間というルールに問題があると指摘されたのだ。大規模災害において、一番ニーズが高いのは、発災直後の活動にある。本当に人手が必要な中での5日間のタイムラグは非常に痛い。また、東日本大震災のときなどは、「今から行きたい!」と熱望する即応予備自衛官も多かったが、本人の意思に反し、防衛省側が、出頭前の健康診断や食事の準備など受け入れ態勢がまだできていないから待ってくれと、とどめていたケースが多々あった。

そこで、本人の意志が固く、健康状態にも問題なく、すぐに出頭できる状態であるならば、5日にとらわれず、いつでも活動できるように、ルールを改正することになった。

●災害派遣の初動対処部隊

陸自では、災害が発生したときに備え、以前より全国各地の駐屯地に、初動対処部隊を待機させている。通常の編成上にある部隊ではないが、「人命救助システム」など、救助用の資機材を装備し、救助活動等が出来るのが特徴だ。

2013年9月1日より、同初動対処部隊に「FAST-Force」という名前を付けた。英語表記の First Action SupporT からアルファベットを取って部隊名とした。防衛省ホームページによると、各文字にも意味を持たせてあり、「First＝発災時の初動において」、「Action＝迅速に被害収集、人命救助及び」、「Support＝自治体等への支援を」、「Force＝実施する部隊」としている。そして〝急速〟や〝高速〟という意味のFASTの当て字となっている。なかなかよく考えられた名前だ。

訓練に参加する第31普通科連隊「FAST-Force」。目印は車両に貼られたステッカー。日本中の各部隊に、災害時初動対処部隊として指定された隊員たちがいる

震度5弱の地震が発生した時は、速やかに情報収集することができる態勢を保持している。広島土砂災害や熊本地震など、実際に自主派遣を経験している。

中でもメディアに注目されたのが、2018年6月18日7時58分に発生した、大阪府北部を震源としたマグニチュード6・1の大地震だった。後に大阪府北部地震と命名される。通勤・通学で人々が慌ただしく行き交う時間帯であったこともあり、交通網が遮断された大阪は、一時的に大混乱に陥った。

防衛省正門。かつて市ヶ谷駐屯地があった場所。防衛省職員、陸海空自衛官等多くの人員が働いている。自衛隊の中枢であり、災害発生時はこの中に防衛省災害対策本部が置かれる

これに対する防衛省の動きは迅速であった。地震発生の2分後である午前8時ちょうど、防衛省災害対策室が立ち上がった。8時4分、小野寺五典防衛相は、すぐに各部隊に対し、情報収集をし、準備を整えるように指示を出した。

8時14分に海上自衛隊舞鶴基地のSH－60Jが離陸したのを皮切りに、各基地や駐屯地から情報収集用の航空機が離陸していった。その中には、小松基地から離陸した2機のF－15の姿もあった。パイロットによる目視での情報収集が行なわれた。10時5分、第36普通科連隊「FAST-Force」（伊丹）が高槻市へと進出した。この部隊は、阪神・淡路大震災の時にも最初に出動した部隊である。大

阪府知事より、災害派遣要請が出されたのが12時であった。その２時間も前から、こうして自衛隊は情報収集を行ない、出動に備えていたのだ。

陸上自衛隊では、全国の部隊で「FAST-Force」を中心に、約３９００名、車両等約１００両、航空機約40機が待機している。発災から１時間以内に出動できるよう、指定を受けた隊員たちは24時間待機している。

海上自衛隊でも、初動対処部隊として、各地方総監部単位で、１隻の対応艦艇を指定している。常に臨戦態勢で待機しているので、出動がかかれば、数十分の準備の後、出港できる体制を維持している。また航空機部隊も各基地で約20名の隊員が15分から２時間以内に出動できる態勢を保持している。

航空自衛隊は、基本的に、敵国が日本領空へと近づいてくることを警戒した「対領空侵犯措置」体制をとっており、すべての戦闘機基地において、発進命令後５分以内に２機の戦闘機が離陸できる体制を保持している。これを「５分待機」体制と呼ぶ。この他、航空救難や緊急輸送のために約10機から20機の航空機が待機している。震度５強以上の地震が発生した場合には、これらの航空機を災害派遣前の自主派遣へと「任務転用」し、上空からの情報収集活動を行なえるようにしている。その離陸までの所要時間は15分から２時間と決められている。熊本地震や大阪府北部地震で戦闘機が上空から偵察を行なったのは、この体制が構築されていたからだ。

首都直下型地震、南海トラフ地震などの発生が危惧される日本にとって、必要不可欠な存在であるのは間違いない。

第5章　生活支援に欠かせない自衛隊ごはん

●自衛隊の生活支援

自衛隊は、完全なる自己完結型組織だ。他の機関や団体の助けがなくても、自衛隊だけですべての作戦が遂行できる体制をとっている。

大前提として、自衛隊は、日本に侵略を試みる敵と戦うための軍事力を持つ組織である。その戦いを続けるため、補給等もすべて自分たちで賄う必要がある。たとえば、人員や弾薬、燃料などの補給物資の運搬、陣地の構築や道路補修・架橋、自衛官たちが食べる食事の調理等々がある。こうした任務を後方支援と呼ぶ。後方支援を専門に行なう部隊もあるが、基本的にすべての部隊に、こうした能力は付与されている。災害派遣の際は、こうした自衛隊が持つ後方支援能力が、被災者の生活支援に大いに活用されている。

その代表的なものが給食支援だ。陸海空自衛隊は、数百人規模を対象とした大量の調理が可能な特殊な装備を保有している。同時に調理に携わる人材の教育も行なっている。日本国内でこうした大規模な給食支援が出来る組織は自衛隊しかない。

最近では自治体も、独自の給食支援を行なえるように器材を購入しているところもあるが、せいぜい100人単位。そもそも専門の人員がいないので、自治体職員やボランティアが担当するため、開設から調理、配膳を考えると、数名で行なうのは現実的ではない。

自衛隊とならぶ公助機関である警察や消防は、そもそも補給に関しては自己完結型ではない。よって給食支援は不可能だ。

ただし、各警察本部と一部消防本部には、キッチンカーという特殊車両が配備されている。マイクロバスなどを改造し、車内に調理スペースを設けた、いわゆるキャンピングカーのような装備（その他のバージョンもある）である。お弁当を温めたり、お湯を沸かしたり、簡単な調理をしたりと、自分たちが食べる分で精一杯で、とても一つの避難所に身を寄せている被災者全員に分け与えるまでの能力はない。東日本大震災の際、警察や消防自体が、他機関から食事の補給を受けていた。宿泊先も民間のホテルや旅館を借りている警察本部なども多かった。

一昔前は民間では、給食支援は行なえないとされていた。しかし、昨今のみんなで助け合う運動として、大手飲食チェーンなどが、あらかじめパック詰めされた料理を被災地で温めて提供できるようにする動きがある。

なお、民間の給食支援と言えば、芸能プロダクションである「石原軍団」のボランティア炊き出しが有名だ。実際に阪神・淡路大震災や東日本大震災、熊本地震でも活動を行なった。彼らは３０００人分の調理が可能な炊事器具を有しているというから、公表データ通りであれば、自衛隊と並ぶ規模の給食支援が出来ることになる。

熊本地震では、舘ひろし氏や神田正輝氏などが出向き、避難所となった熊本市益城町総合体育館で、カレーや豚汁など、１日平均約１２００食も作った。

余談だが、東日本大震災のとき、石巻市で石原軍団が炊き出しを行なうというので、取材することにした。だが、場所が分からなかったので、情報収集のため、当時石巻市で活動をしていた第44普通科連隊の指揮所がある石巻総合運動公園を訪れた。廊下を歩いていると、幹部自衛官を見つけたので、ひとまず彼に話しかけてみた。

すると、「申し訳ないです。その〝軍団〟は、私たちの隷下部隊ではなく、別部隊ですので、行動を把握しておりません」と、笑み一つ浮かべず、真剣な顔で返答した。

そのとき私は、「そうですか、分かりました。市役所に聞いてみます」と、あまり気にせず引き下がった。「そりゃそうだ、自衛隊に聞いても分かるわけないよな」と自答しながら建物を出た。しばらくして、「しかし、軍団……、部隊って……（笑）」と、返答してくれた自衛官の話しぶりやその内容を思い出し、終始にやけながら駐車場を歩いた。

彼がわざと冗談としてそのような返答をしたのか、はたまた、一切冗談なく大真面目に返答をしたのか、今となっては分からない。だが、連日、被災地で取材を続け、疲労が蓄積し、身も心も少し疲弊していた私は、車に乗り込み、運転席に腰かけると、何度もこのやりとりを思い出し、腹を抱えて笑った。こんなに大声で笑ったのは、発災以降初めてのことだった。

なお、石原軍団の炊き出しはもうできなくなってしまった。北海道小樽市にあった「石原裕次郎記念館」に隣接する倉庫に調理器具をすべて保管していたのだが、同記念館は、２０１7年8月に閉館。これにともない、保管場所もなくなるということで、すべて処分してしまったという。

●野外炊具1号

自衛隊は、野外調理を行なうため「野外炊具1号」という装備を有している。簡単に説明するなら、〝タイヤのついたお釜〟だ。必要とされる場所までトラック等でけん引して運ぶ。基本的に、現場に到着してから、機材を展開し、そこから調理を開始する。スペック上は、調理しながら現場までけん引することも可能だ。しかしながら、燃料を使って火を起こしているわけで、さすがに走行しながらでは危険なので行なわない。

これが野外炊具1号。濃緑のカラーリングとなっているためものものしいが、よく見ると釜で構成される移動式キッチンだ。これまで多くの災害現場で給食支援を行なってきた

この「野外炊具1号」は、後方支援部隊は当然ながら、普通科（歩兵）や機甲科（戦車）、特科（大砲）など、戦う部隊であっても必ず配備されている。よって、日本中どこの部隊へ行っても見ることが出来る。なお、空自も同じ装備を保有しているが、名称は「トレーラー1トン炊事車」と異なる。海自は装備していない。

タイヤの上に6つのお釜と、野菜を裁断する大型カッター、皮むき器が装備されたシンプルな作りだ。濃緑のいかにも軍用装備と言った外観をしている移動式キッチンだ。

6つのお釜では、炊く、揚げる、蒸す、といった調理が可能。これ一台あれば、

野外炊具1号を使った調理の一場面。写真は釜を使いスープを作っているところ。炊く、蒸す、揚げる、といった調理も行なえる万能釜だ。職種を問わず、陸自には必ず配備されている装備である

ごはん、汁もの、おかずの1セット約200人分を作ることが出来る。災害派遣などで、「とにかく急いでおにぎりだけでも配らなければ」ということならば、6個の釜すべてでご飯を炊くことで、最大6000名分はまかなえるとも言われている。「おにぎりの大きさを工夫すれば、1000人分できます」と答えてくれた部隊もあった。

ただし、難点なのが、取り扱いが恐ろしく難しいことが挙げられる。まず、種火を投入し、ガソリンと灯油、空気の量を調整しながら、火力を調整する。理科の実験で用いるガスバーナーのように、火勢のコントロールが完全マニュアルなのだ。隊員が、火の色を見ながら温度を

こちらは、改良が加えられた野外炊具1号改。火の扱い、温度調節が簡単になった。これにより、調理担当の隊員の負担軽減に繋がった。ただしまだ一部の部隊は旧型を使用している

予測し、釜の側面にあるダイヤルをひねっていく。これが初心者には扱えない。

というのも、ごはんが炊けるまでの時間は、その日によって違う。火力だけ気を使えばよいというわけでなく、その日の気温や天候も考える必要がある。一概に「ここは、こうしなさい」と伝聞しづらいのだ。

そこで、「完成までの目安はどうしているのか?」と聞くと、隊員は、「お米をたいている時は、ふたを開けることが出来ないので、お釜から漏れる匂いと長年のカンで判断します」と、21世紀の調理とは思えない返答だった。

陸上自衛隊でも、さすがにこれではいけないと考え、新型である「野外炊具1

号改」が誕生した。

名称に〝改〟とついているように、大きな変更点がある。まず自動点火装置とした。われわれが家庭で使うコンロのように、レバーをひねると、プラグが発火して火をつけてくれる。種火を投入する必要がなくなった。また隊員の熟練度に頼ってきた火力調整も、火の勢いを調整するボタンを操作するだけとなった。ようするに、われわれの自宅台所にあるコンロと扱い方は同じになった。これで、隊員たちは調理にだけ専念できるようになった。

2010年に入ると、自動点火装置に加え、コンロを制御するタイマーや冷凍冷蔵装置、給水貯水機能を有した「野外炊具1号（22式改）」という新型も登場した。これにより、短時間での大量調理がますます簡単便利になった。ただし、電子制御されている部分が多く、もし現場で故障しても、復旧できない可能性があるなど、軍用としては、問題が多々指摘されており、まだまだ配備部隊は限られている。

●真水の確保

調理に必要なのが真水の確保だ。キッチンだけあっても、水が出なければ、調理できない。これも自衛隊は自前で用意する。陸自と空自では、「1トン水トレーラー」

1トン水トレーラー。トラックでけん引して、現場まで運ぶ。使う時は、タイヤを脚として、そのままの状態で使う。タンク部分に1000リットルの水が入る。蛇口が6個ついている

という装備がある。1000リットル入るタンクに車輪がついており、野外炊具1号のように、トラックでけん引して運ぶ。

タンクに直接6個（左右3個ずつ）の蛇口がついており、ここから水を出して使う。給水支援として、このタンクが使われることもある。

野外炊具1号と1トン水トレーラーは基本的に一緒に展開する。そして調理に必要な水を確保している。

野外炊具1号のときは、近くに桶を用意し、そこに1トン水トレーラーから汲んだ水をためていた。水が必要なときには、そのつど汲みに行く必要があった。野外炊具1号改には、蛇口が配置された

ので、そこからホースを伸ばして、直接お釜に水を注ぐことが出来るようになった。ただし、水桶が底をつければ、また給水する必要がある。22式改は、1回の調理分ていどの貯水機能がある。

さらに大量の水が必要な場合は、街で見かけるタンクローリーのような、トラックの荷台部分をタンクとした「3トン半水タンク車」という装備がある。こちらも給水支援には不可欠な装備で、これまで数多くの被災地で、真水を提供してきた。タンク内には5000リットルの水が積載できる。

●料理人の教育

当然、装備だけあっても調理はできない。料理人の教育も必要だ。

自衛隊では料理人を給養員と呼んでいる。この給養員を養成しているのは海自と空自だけで、陸自はふくまれていない。多くの災害派遣で、陸自の給食支援は行なわれているので、不思議な感じがする。

これは、陸海空自衛隊の調理に対する考え方の違いが表れている。

まず、自衛隊の拠点の呼び方として、大きく分けて「基地」と「駐屯地」の2つがある。その他、「分屯基地」や「分屯地」などもあるが、これも同じ違いを持つ。

空自と海自は、拠点のことを「基地」と呼んでいる。「駐屯地」と呼ぶのは陸自だけだ。「基地」の定義として、そこに拠点として存在し続ける場所を指すとしている。たとえば戦闘機は離陸しても、必ずまた元の基地へと戻る。艦艇は出港しても、同じくまた元の基地へと戻って来る。一方で、「駐屯地」は、あくまで仮の住まいという位置付けだ。

英語での使い分けをみてみるとさらによく分かる。「基地」は、「ベース」と呼ぶ。「駐屯地」は「キャンプ」と呼ぶ。米軍では、空軍と海軍は「ベース」と呼ぶが、陸軍と海兵隊は「キャンプ」と呼ぶ。また砦を意味する「フォート」という言葉も使っているが、こちらも、一時的な拠点という意味で、「キャンプ」と同意だ。

戦う部隊が、出払っても、基地を守り、機能させ続ける必要があるため、空自と海自の基地には絶対に食事を作り続ける者が必要だ。また、護衛艦自体が戦うための装備であるとともに乗員たちの基地でもある。そこで、操艦する者、ミサイルを撃つ者、ヘリを飛ばす者と同じように、1日3食の食事を作る者が必要だ。

有事の際、陸自は、駐屯地から展開すると、他の場所に拠点を移して戦う。新たな場所に1年留まるかもしれないし、または1日だけかもしれない。いずれにせよ転々として戦う戦術をとる。そうなると、調理をするだけの者が一緒に移動するのは効率が悪い。戦いながらも手の空いた者が調理する方法こそが最も効率が良い。

そこで、陸自では、戦闘に関する職種に次ぐ、もう一つの資格として、調理が位置付けられている。これを部内では付加特技と呼んでいる。その特技を学んだ隊員が「炊事班長」となり、部下を取りまとめ、調理をしていく。部下は、レシピや指示通りに作業を進めていけば良いだけではあるが、包丁の使い方など、最低限の調理技術は必要だ。そこで、陸自では、若手隊員を駐屯地の食堂に数か月間預けて、調理の基本を学ばせている。

ただし、最近はアウトソーシング化が進み、民間業者が運営する食堂が増えてしまったため、この基本教育が出来なくなった。陸自では「訓練に専念できる」としてアウトソーシング化を推し進めたが、まったく調理できない隊員が増えていることは問題視している。

●陸自のFEG課程

陸自において、付加特技として調理を学ぶのが、千葉県松戸市にある松戸駐屯地内に置かれた需品学校だ。後方支援に関するさまざまな任務を行なう職種が需品科だ。需品科隊員に対する各種教育と合わせて、普通科や機甲科など各職種についても、後

需品学校で行なわれているFEG課程。栄養士資格を持つ防衛省技官による講義の様子。ここでは調理の技術だけでなく、各種座学も行なわれ、複合的な知識を得る教育を実施している

方支援に関する技術を学ばせるのが、この学校の役割だ。

その中にＦＥＧ課程（Food Enlisted-men General course）というものがある。これが陸自における料理学校とも言えるものだ。

教育期間は約3か月。職種問わず各部隊から多くの陸曹が集められる。性別も調理経験も関係なく、将来「炊事班長」となる、プロの料理人を育成していく。

最初は、包丁の握り方など初歩的なことからスタート。栄養学などの座学もある。学校内には、まるで料理教室のような調理実習室があり、キッチンがいくつも並んでいる。先生を務めるのは、防衛省技官や需品科の幹部たちだ。外部講師

として、有名店のシェフを招くこともある。学ぶ調理方法も和洋中問わない。

教育の最終段階として、野外調理を学ぶ。最寄りの習志野演習場（船橋市）に展開し、3夜4日にわたり、野外炊具1号を使い、ひたすら調理していく。もちろん自衛隊の訓練の一環であるため、途中で敵機や大砲による攻撃を受け、それに対処しながらも、釜の火を絶やさずに、完成させていく。

ＦＥＧ課程を修了した陸曹は、各部隊へと戻ると、今度は「炊事班長」として若手に調理を教える。各部隊では年に一度のペースで、「野外炊具1号」を使っての中隊対抗炊事競技会を開催している。味だけではなく、調理の手際、安全管理など、調理を総合的に競わせることで、個人のスキルを磨き、部隊の調理能力底上げを目指すのが目的だ。

●海自と空自の給養員教育

被災地における給食支援としてはあまり目立つことはないが、海自や空自も実施している。ただし、規模は小さい。海自の場合はほとんど表に出ることなく、艦内にて入浴支援とともに、食堂でカレーや豚汁を提供することがある程度だ。

しかし、海自と空自が持つ〝料理学校〞はかなり本格的だ。陸自との違いは、一度

護衛艦内にて給養員がカレーを作っているところ。彼らは退官するまで食事を作り続けるまさに"プロの料理人"。彼らの努力があり、海自の食事は旨い、という伝説が作られた

給養員になると、ほとんどの隊員が退官するまで、ずっと調理を専門に行なうことになる。そのために、何度か入校・卒業を繰り返して、調理のエキスパートとなっていく。プロの料理人を育てているといっても過言ではない。

海自で調理について学ぶのが京都府舞鶴市にある第4術科学校だ。

ここでは、「経理」「補給」「給養」「監理（業務管理）」など後方支援に関することを専門に教えている。自衛官だけでなく、防衛省職員も対象としている。

とくに海自は食事には力を入れている。それは旧海軍以来の伝統だ。日本帝国海軍時代には、各艦内での食事は当然ながら、長期的に質の良い食材を提供するた

めに、給糧艦「間宮」を建造したほど。連合艦隊に随伴し、敵艦蠢く海域へと食材だけでなくおやつも届けた。中でもアイスクリームと羊羹は大人気だった。最後は米潜水艦の魚雷攻撃を受け、撃沈されている。

海軍以来食事にこだわる理由は、艦隊勤務にある。長期間にわたり、トイレの個室とベッドの上だけという制限されたプライバシーでの唯一の楽しみは食事となる。戦うことだけでなく、日常生活のストレスから開放するには、やはり食事がいちばんだ。

今では海上自衛隊の金曜カレーはすっかり全国区になった。テレビや雑誌などでも取り上げられている。自治体や企業などとコラボしたイベントが企画されたり、商品化されたりと、大注目だ。

一から給養員を育てるのが、約４か月学ぶ海士課程だ。海自の場合、レセプションとし

第4術科学校での給養員に対する教育場面。包丁の握り方など初歩的な教育からスタートしていく

空自入間基地の食堂。このように空自は陸海自にはない、大人数に提供するための調理が特徴。大きな基地では、1日に4000食以上を作っている

て、他国海軍関係者を出迎えるパーティや行事も多いため、おしゃれな盛り付けの大皿料理なども学ぶ。

ここを修了すると、各護衛艦や基地の給養員となる。

「艦艇の場合、調理に失敗したからと言って、外でお弁当買ってきます、というわけには行きません。ただお腹を満たせばいいというわけでもなく、乗員らは食事に生きがいを感じている。だから朝昼晩、さらに夜食やおやつと、とにかくお腹に入れるすべてのものについて、全力を注いで作っています。常に実戦

です」とある給養員は話してくれた。

巷では、〝海自の食事がおいしい〟と言われているが、その理由はここにあるのだろう。

現場を経験すると、今度は、給養員をまとめる「料理長」こと給養員長となるための海曹課程を４か月～半年間かけて履修する。

空自は、芦屋基地（福岡県）にある第３術科学校にて給養員を育てている。この学校は、空自における後方職域の隊員育成全般を行なっている。まずは、初級給養課程として、約２か月間学ぶ。階級が３曹に上がると、今度は上級給養員課程へと進み、魚のさばき方や会食の盛り付け、分隊長として人をまとめるための教育など、さらに専門性の高い教育を受ける。部隊経験を２年積むと、国家資格である調理師免許試験の受験資格を得るので、ほとんどの隊員が挑戦し、取得するとのこと。

空自の調理の最大の特徴は、作る量が半端ではないこと。たとえば埼玉県にある入間基地では、１日に３５００～４０００食もの食事を作る。陸自や海自の基地・駐屯地とは桁違いの量だ。

●給食支援は命のリレー

陸海空自衛隊では、給食支援に関わる装備、そして人材教育を行なっているからこそ、これまで多くの災害派遣で活躍してきた。自治体や民間ボランティア等が、一朝一夕に行なえる活動ではないことをお分かりいただけたであろうか。

熊本地震を取材しているとき、避難所となった学校で、給食支援をしている隊員と話した。一仕事を終え、冬にも関わらず、顔をたくさんの汗が伝っていた。

「食事ってただ食べればいいってものではないですからね。温かい味噌汁だけであっても、食べてるときはみんな笑顔ですよ。それで、明日も頑張ろう！　って思ってもらえる、命のリレーのような仕事だと思っています」

まだ20代前半と思しき若い隊員であったが、疲労を上回る充足感を顔に浮かばせ、笑顔でそう語っていたのが印象的だった。

第6章　入浴支援と後方支援連隊

●入浴支援

お腹が満たされれば、続いては、お風呂に入りたくなるもの。とくに夏場の避難所は辛い。やはり汗は流したい。多くが小学校の体育館などになるため、冷房がないところも多い。倒壊を免れ、自宅で生活できていたとしても、大規模災害時は、電気、水道、ガスが止まることが多い。水もないし、仮にあっても飲料水として使う方が優先。充分な水があったとして、電気やガスがなければ、湯を沸かすこともできない。

自衛隊には野外で大人数が入浴できる装備を有している。こちらも野外炊具1号同様に、本来は、自衛隊員が使うものだ。自己完結型の組織として、ここまで徹底している。

米軍も移動シャワーを持っている。コンテナ内にシャワー区画を設けているもので、東日本大震災では、宮城県に展開し、被災者へと貸し出した。浴槽につかる文化のない、アメリカやヨーロッパでは、ほとんどがこのコンテナ式の移動シャワーを持つ。

展開方法は至ってシンプルだ。トラックにて移動シャワーを使いたい場所まで運ぶだけ。あとは、水タンクやボイラーがあれば、すぐにシャワーが使える。手間がかからないのも特徴だ。

野外入浴セット2型の浴槽。写真通り、骨組みにビニールシートをかぶせたシンプルな構造となっている。4トンのお湯を張ることが出来る。多くの被災地で入浴支援を行なってきた

しかし、日本人は湯船に入りたい。そこで、世界的にも珍しく、浴槽をふくめた大掛かりな野外入浴セットを配備しているのだ。こうしたこだわりを持つ国はいくつかある。私が見た中ではフィンランド軍。NATOの演習で、彼らはシャワーコンテナとともに、もう一つの大きなコンテナを演習場に持ってきた。それは〝サウナ〟だった。

体を洗い流すだけでなく、リラックスすることまで求めると、こうしてお国柄がでるようだ。

今では災害派遣における入浴支援は有名だ。実際に多くの被災地で使われてきた。

●災害派遣に欠かせない部隊

自衛隊では、大規模かつ長期間にわたる後方支援活動を行なうため、各師団・旅団には、後方支援連隊もしくは後方支援隊を編成している。部隊名の通りの活動を行なう。

師団に編成されている後方支援連隊の基本的な編成は、「本部付隊」「整備大隊」×2「補給隊」「衛生隊」「輸送隊」となっている。構成人数は、730名ぐらい。多少の増減はあるが、基本的に700名前後となっている。

この中の補給隊が、各部隊への糧食、燃料、部品及び水の補給、回収、入浴支援や洗濯などのサービスを担当している。まさに災害派遣における生活支援全般を司る部隊である。野外炊具1号のように、他部隊でも有している装備もあるが、後方支援連隊補給隊は、何事も大規模に実施することが可能だ。

保有している装備が、後に詳しく説明する野外入浴セットだ。他にも5トン水タンク車、浄水セット、野外洗濯セット、冷凍冷蔵庫、燃料タンク車などがある。

自治体から災害派遣要請が下されると、すでに自主派遣として現地で活動する偵察部隊等とともに、後方支援連隊や後方支援隊も生活支援を行なうために出動準備に入る。まずは、人命救助が優先されるので、後方支援に関する部隊が初動出動すること

洗い場の準備を進める隊員たち。シャワーとカランが一体となったパーツを置き、ボイラーで温めたお湯と常温の水が流れる仕組み

脱衣所。レイアウトは各部隊の創意工夫にまかされており、写真のようにスチールラックを用いている部隊もあれば、テーブルを置いている部隊もある。女性用には、脱衣所の他にパウダールームを設けて、髪を乾かしたり、化粧が出来るテントをもう一つ繋げている

はほとんどないが、いつお声がかかっても、すぐに飛び出していける態勢を整えている。

●野外入浴セット

入浴支援に使われるのが、5トン水タンク車と野外入浴セットだ。時代とともに改良されており、現在主流なのが、野外入浴セット2型だ。

セットとあるように、野外浴槽と、天幕（テント）、ボイラー、貯水タンクがひとつにまとまっている。

展開方法であるが、まず大型のテントを2張り展張する。1つが浴場、もう1つが脱衣所となる。鉄パイプを組んで、4角形を作り、そこにビニールシートを張る。これが浴槽となる。1つの浴槽には4トンのお湯をはることが出来る。カランとシャワーも設置され、見た目は正直良いとは言えないが、それでも立派にお風呂と呼べるものが完成する。機能自体は銭湯と何ら変わりはない。

当然ながら男女用に分けるため、2セット配備されている。

面白いのが女湯だった。テントの入り口を開けてすぐ脱衣所だと、人の出入りの際に外から裸の女性が見えてしまうので、女湯だけ3張りのテントを使う。男湯にはな

野外入浴セットとワンセットで行動する5トン水タンク車。文字通り、5トン分の水を運ぶ専用車両だ。飲料水を入れれば、給水支援も出来るため、災害派遣に欠かせない装備の一つ

い3張り目となるテントには、鏡が設けられ、身支度を整えるスペースを設けた。この区画を設けたことで、出入りをする際にいきなり裸の女性が目に飛び込んでこないばかりか、しっかりと中でメイクまで行なえる気配りを見せている。電気も通っているので、ドライヤーを使うことも出来る。

熊本地震では、女性用だけシャンプーやリンスの数が豊富だった。さらに化粧水からメイク落とし用のコットンまで準備していた。これらは女性自衛官のアイディアだそうだ。

お湯の温度は最初に38～40度と若干ぬるめに設定するそうだ。適温になるまでに1時間半ほどかかるため、高温から冷

大型のホースをから浴槽へと水を注ぐ。さすがに満杯にするまでには時間がかかる

ましていくより、ぬるま湯から少しずつ温度を上げていき、その間に入浴してもらう方が効率的だから、というのがその理由。

入浴している人の年齢を見て、たとえばお年寄りが多ければ、少し温度を上げ、子供が多いようならば、そのままの温度とする。水は貴重なため、冷ますためという理由ならば、なるべく使いたくない。こうした微調整を完璧に行なうため、ボイラー担当の隊員は、頻繁に声をかけ、湯加減を確かめるそうだ。

じつは、野外入浴セットを設置するために必要な条件がある。スペースの問題？　それは不正解だ。どこの街にも、学校の校庭や駐車場があるので、設置場所に関して困った、ということはこれまでの災害派遣でもほとんど聞かない。ネックとなるのが実は排水だ。

体を洗った後に出る排水を災害時だから特別に、と勝手に川へ流すわけにはいかない。自治体としっかり協議する。排水場が近くにあれば、直接ホースで繋ぐことも出来る。だが、なかなかそのような場所はない。そこで、地面に穴を掘り、内側にビニールシートを張るなどして、排水をためておける場所を作る。あとで、自治体に回収してもらう。

入り口には各部隊オリジナルの暖簾（のれん）がかけられる。これは各後方支援連隊及び後方支援隊が所在する地域にちなんだ名前が付けられる。たとえば山形県神町駐屯地に所在する第6後方支援連隊は「山形　花笠の湯」と書かれた暖簾を使っている。

お湯を作るためのボイラー。灯油を燃料として、水をお湯へと温めるために使う

●広島土砂災害

２０１４年８月20日水曜日未明――。広島県広島市安佐南区において、豪雨による大規模な土砂災害が発生した。気象庁は、「平成26年８月豪雨」と命名した。

８月19日から20日にかけ、激しい雨が広島県を襲った。３時間の降水量は２００ミリを超える数百年に１度あるか、ないかの記録的な集中豪雨だった。この雨が地盤を緩め、大規模な土砂災害を引き起こした。

じつは土砂崩れが発生する午前３時頃までに、住民から多くの通報が寄せられていた。しかし広島市は大雨洪水警報等を出していたものの、避難勧告は行なっておらず、それが後の大惨事を招いたともいわれている。

午前６時30分。広島県知事は海田市駐屯地に司令部を置く第13旅団長に対して、人命救助に関わる災害派遣要請を出した。

やはり自衛隊の動きは早かった。この要請以前、大雨警報が出た時点で、すでに第13旅団は情報収集を開始していたという。

「情報収集を専門に行なう司令部第２部の隊員が集まり、災害派遣がかかった場合に備えて被害状況の把握を行ないました」と、後に現地に入った私に、取材応対してくれた第13旅団司令部の幹部はそう話してくれた。

まずは、海田市駐屯地に所在する第46普通科連隊が災害派遣されることになった。この部隊は、東日本大震災の災害派遣を経験している。それも原発から20キロ圏外ギリギリである相馬市内での行方不明者の捜索活動にあたっていた。

午前7時40分、情報収集を行なうため、30名の隊員が駐屯地を出発した。目の前に現れたのは想像以上の惨状であったという。

大雨による土砂が家々をなぎ倒していった2014年の広島土砂災害。不幸にも多数の死傷者が出た

「最初の報告で分かったのは、人海戦術では埒が明かないということでした。そこで、重機を多数保有する第13施設隊もすぐに派遣できる体制をとりました」（前同）

9時30分。ヘリTVを装備したUH－1が離陸した。上空から恒

常的な情報収集を実施するためだ。10時15分、60名の人員、車両15両が出発。つづけて10時30分、人員60名、車両10両が出発……。このように準備ができしだい、随時出発していった。

また12時17分には、海上自衛隊呉基地からも警備犬部隊が派遣されることが決まった。行方不明者の捜索での活躍が期待されたからだ。

JTFは立ち上がらなかったが、東日本大震災のときのように、オール自衛隊でこの災害に立ち向かうことを早々に決断した。

このように増援部隊は次々と送り込まれていき、最大で800名が現地で活動を行なった。

現場となった場所は、山陽自動車道の広島ICから降りて、国道54号線を上ってすぐのところと限定的だった。現地へと向かった私も、その道中、道路の両脇の店舗は通常通り営業をしており、行きかう人や車の波からは、ここが被災地であるとは思えなかった。

しかし、国道54号線と並行して走るJR可部線の線路を越えた途端、景色は一変する。アスファルトは土砂で汚れ、上から流されてきた大きな石が無造作に転がる。家の1階部分に突っ込むように車が挟まっている。

今回の災害が東日本大震災と異なる点がまさにここだ。東北沿岸部全域がほぼ壊滅状態となり、家々の土台ごとどこかへ流れ去り、永遠と広がる荒野となってしまった東日本大震災に対し、今回はたった数メートルの違いが、日常生活と非日常生活をわける、限定的な被災地となっていたのだ。

国交省や警察、消防、そして自衛隊が指揮所として使用していたのが国道54号線沿いにあるスロット店の駐車場であった。迷彩服を着た第13旅団の隊員たちが慌ただしく行き交う一方、なんとその店は営業をしていた。店内は多くの客でにぎわっているというギャップにも驚かされた。

とにかく現場は泥に埋まっており、歩くだけでも大変な有様だった。第46普通科連隊第3中隊長・清水洋平3佐は、現場に入った状況をこう説明する。

「私は八木地区に入り、行方不明者の捜索を行ないました。線路を超えた途端、腰まで土砂につかるような悲惨な状況でした。何とか山の中腹までは登っていきましたが、なかなか前へと進めない。そこでう回路を探してウロウロしていたとき、住民から助けてと声をかけられました。建物の2階に孤立してしまった人でした。そこでその付近を調べてみると、15名の住民の方が避難できない状況となっていました」

実際に住民を助け出した第46普通科連隊の梅本浩史3曹は、「おばあさんから7歳の子供までいました。道は土砂が堆積して危険だったので、隊員がおぶって救助しました」と話す。

行方不明者を捜索するため、まずは泥をかき出すしかなかった。私も規制線ぎりぎりの場所まで行くが、ただ歩くだけでも一苦労だ。自衛官も警察官も泥だらけとなっていた。

●入浴支援の現場へ

行方不明者の捜索が続く24日10時30分。今度は、広島県知事より入浴支援の要請があった。そこで第13後方支援隊が派遣され、同日19時から三入小学校にて最初の入浴支援を行なった。26日からは梅林小学校での入浴支援も開始された。計2か所での入浴支援となった。

私も三入小学校へ行った。そこで入浴支援を指揮する第13後方支援隊補給中隊長・田中孝幸1等陸尉と出会った。

「私は新潟中越地震、東日本大震災にも派遣され、入浴支援を行ないました。今回で3回目となります。開設初日は、発災から避難所生活を送られている方の多くが、初めての入浴となりました。〝久しぶりにゆっくり眠れそうです〟〝気持ちよかった〟な

三入小学校で行なわれた第13後方支援隊による入浴支援の様子。入り口に「広島　もみじ湯」の暖簾がかけられる。各部隊の所在地にちなんだ名称となっているのがユニークだ

どとおっしゃっていただきました」

お風呂の入り口には「広島　もみじ湯」と書かれた暖簾がかけられていた。1日平均80名の方が入浴されていたという。

ある日、入浴に来た小学校低学年の女児が、隊員にピンク色の封書を手渡した。当時大流行したアニメ『妖怪ウォッチ』のメインキャラクター〝ジバニャン〟のシールで封がしてあった。それを解くと、2枚の便せんが入っていた。

1枚目はつたないながらもしっかりとした文字が書かれていた。

〈じえいたいのみなさんへ

おふろを作っていただきましてありが

入浴支援において、重要なのが排水処理方法。穴を掘り、一時排水施設を作り、その後自治体に回収してもらう

とうございました。
はやく人たちをたすけてください。
まだ土でうまっているかもしれません。
はやく人たちをみつけてください〉
（原文ママ）

2枚目は、自分の姿なのだろうか、女の子が敬礼しているイラストが描かれていた。

この女児の手紙は、第13後方支援隊の隊員たちの胸を打った。そして部隊のお守りとして大切に保管された。

ボイラー担当の大場亮典士長に、〃気を付けていること〃を聞いてみた。「常に心地いいと感じてもらうため、温度管理には気を使います。まず、適温になるまで1時間半ぐらいかかります。入浴する人が増えれば、お湯の温度も当然下がってきます。そこで、まめに温度計を見たり、入浴している人に湯加減を聞くなどして、温め直していきます」とのことだった。

隊員たちのヘルメットには「百万一心」と書かれたステッカーが貼られていた。これは中国地方を統一した戦国武将・毛利元就が吉田郡山城を築城する際に、人柱に代えて埋めた大石に刻んだ言葉だ。1日1日をひとりひとりが力を合わせ、心をひとつに協同一致して事を行なうという意味だそうだ。第13旅団のスローガンである。

彼らは土砂災害の現場でまさにその思いを実践して見せた。

●人と繋がる支援

多くの災害現場で、自衛隊は入浴支援を行なってきた。日常生活では、ボタン一つで、〝温かいお風呂〟に入れる。われわれは当たり前すぎて、いちいちありがたみを感じて入浴などしない。仕事で疲れたときなどに、〝気持ちいいなぁ〟と感じるていどだ。

しかし、被災地では、多くの方が、「生き返った」と笑顔を見せる。疲れやストレスを吹き飛ばすだけでなく、入浴している間は、つらかったことも忘れられる。

東日本大震災の際、石巻市での入浴支援を取材したときのこと。隊員がボランティアで、マッサージのサービスまで行なっていた。その隊員が、学生時代の運動部にて独学で習得した施術方法ではあったが、連日多くのお年寄りがマッサージを希望した。疲れを取って欲しいという目的だけでなく、自衛隊員との会話を楽しみにしている方が多いように見受けられた。

「毎日来るお爺さんもいました。避難所での生活に関する愚痴だけ話すおばあさんも（笑）。中には話しながら気持ちが高ぶってきて、突然泣き出す方もいました」

入浴支援は、体を温めるだけでなく、心も温めて欲しい方々も大勢来るようだ。石巻で入浴のついでにマッサージを受けに来たお年寄りも広島で自衛官に手紙を渡した少女も入浴は一つの手段であり、だれかとつながりを求めていたのだろう。

災害派遣の活動で、入浴支援は欠かせないものとなった——。

第7章　災害派遣に活用できる装備

●自衛隊の充実した装備

自衛隊の装備は、国防のために戦う装備だ。そうした戦場で使うことを前提として考えられている装備の中には、災害派遣でも役立つものも多い。事実、これまでもいくつもの現場に投入され、被災者を助けている。

自衛隊しかできない支援として、被災者の生活支援がある。別章でも取り上げたが、野外入浴セットや野外炊具1号は、いずれも一度に数百人単位に対応できるよう作られており、多くの被災者を助けてきた。自治体や他機関でもこうした生活支援を行なえるようにしようと考えられてはいるが、それら装備の購入、人員の育成、災害がない時の待機態勢などを考えると、まず不可能だ。

救出救助についても、自衛隊の装備は有効だ。倒壊家屋からの救助、土砂埋没車両からの救助など、高度な能力を必要とされるシチュエーションについては、やはり消防や警察の方が優れた技術、そして資機材を有している。だが、家一棟を丸ごとつぶすなどの大掛かりな作業となると、そこは自衛隊の出番となる。自衛隊の解体作業は半端なものではなく、基礎まで抜いて更地にすることが出来る。阪神・淡路大震災のときは、解体から整地まで完璧に作業したが、さすがに今では自治体も自衛隊にそこまでは求めていない。

ここでは、陸海空自衛隊が持つ装備の中で、災害派遣へと転用できるもの、またはかつて転用した実績のあるものを選りすぐり、ご紹介していきたい。

●陸自装備

陸上自衛隊には、普通科、機甲科、野戦特科、高射特科、情報科、航空科、施設科、通信科、武器科、需品科、輸送科、化学科、警務科、会計科、衛生科、音楽科と16個もの職種がある。大砲で敵地上兵力と戦う野戦特科とミサイルで敵航空機と戦う高射特科は、特科というくくりで一つと見なすこともある。

この中で、主たる戦力となるのが、普通科、特科、機甲科、施設科だ。それぞれの頭文字を取り「普特機施（ふとっきし）」とまとめて呼んでいる。災害派遣においてもこの普特機施が活躍することになる。

ここで、普通科連隊を例にとってご紹介しよう。普通科連隊は、本部管理中隊、第1～5中隊、重迫中隊と、トータル7個中隊で構成されるのが基本形となっている。第1から第5まで番号が振られた中隊は、通称〝ナンバー中隊〟と呼ばれ、まさに戦うための中隊だ。本部管理中隊は、中隊本部、施設小隊、偵察小隊、補給小隊、通信小隊、衛生小隊で構成される。前線で戦うナンバー中隊をサポートするための態勢をとっている。施設小隊は重機を用いての土木作業全般を担当。補給小隊は燃料や水などの物品の管理を担当。衛生小隊は部隊内の治療を担当。このように、普通科連隊にも、じつに多彩な装備や人員がいる。

別章で取り上げた後方支援連隊のような大掛かりな支援体制はとれなくとも、普通科や機甲科などにも、充分災害派遣で活躍が見込める部隊がある。

実際に各部隊の装備がどのように災害派遣で活躍してきたか、または活躍が見込めるかを見ていこう。

○野外手術システム

各師団の後方支援連隊衛生隊に配備されている屋外で手術を行なうための装備だ。衛生隊は、医師の資格を持つ医官、看護師資格を持つ衛生隊員で構成されている。

速やかに野戦病院を開設することができるように、病院ユニットをコンテナモジュール化し、73式大型トラックに搭載している。これならば、出動がかかれば、現場までトラックを走らせるだけでよい。コンテナを地上に降ろさずとも、活動が可能だ。

手術車、手術準備車、減菌車、衛生補給車の4両で1セットとなっている。この他、電源装置や浄水セット（水を作る装備）なども持っていく。

手術動線を考慮し、手術車と手術準備車のコンテナは、連結できるようになっており、医官や患者は、他の車両のコンテナへと上り下りする必要がない。ここでは、開腹、開頭、開胸といった大掛かりな手術にも対応できる。1日に30人の手術が可能だと言われているが、当然同システムを使った野外手術を実施した経験はない。

東日本大震災にも派遣された実績を持つ。ただし、自衛隊の災害派遣は一時的なものであり、自治体が必要なし、

野外手術システムの重要なパーツとなる手術車（写真右）と手術準備車。手術スペースを広く取るため、コンテナを左右に拡幅できるのが特徴。基本的にすべての手術に対応できる作りとなっている

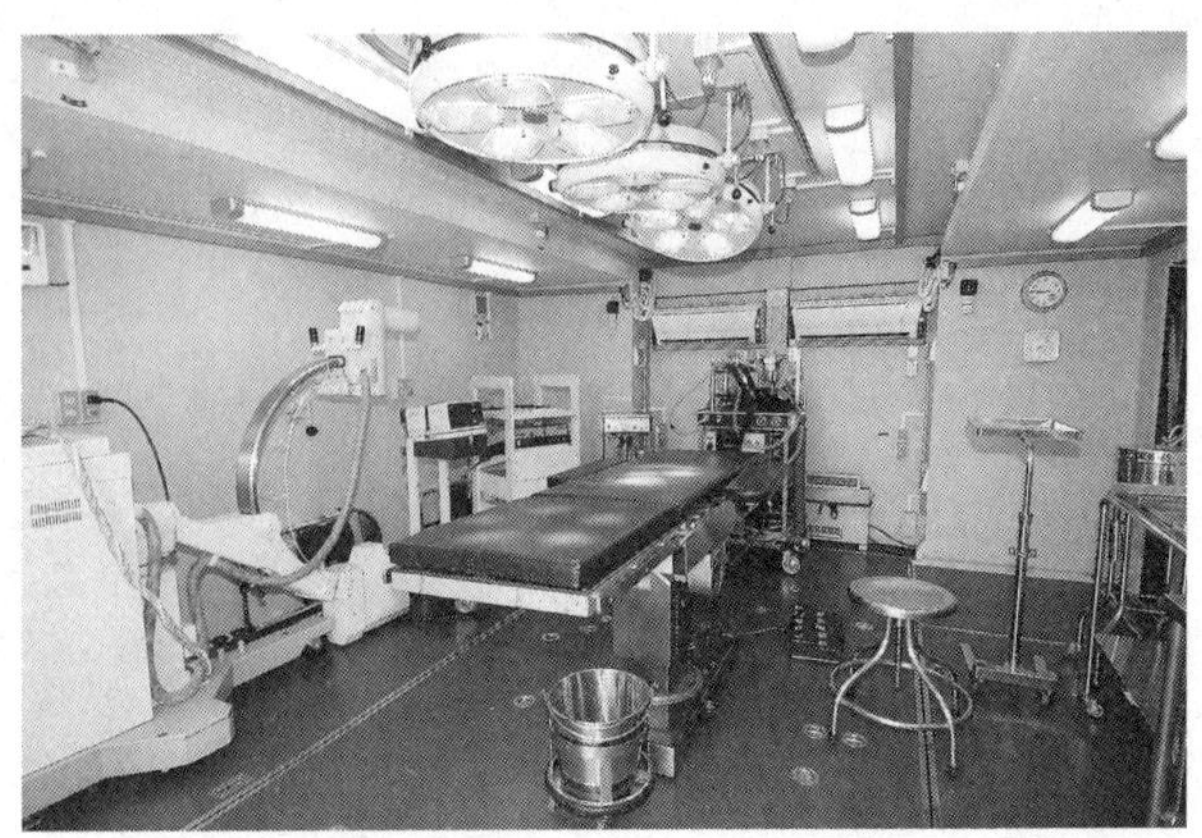

手術車内。とてもコンテナ内とは思えない立派な手術室となる。なお、写真はコンテナを拡幅した状態である

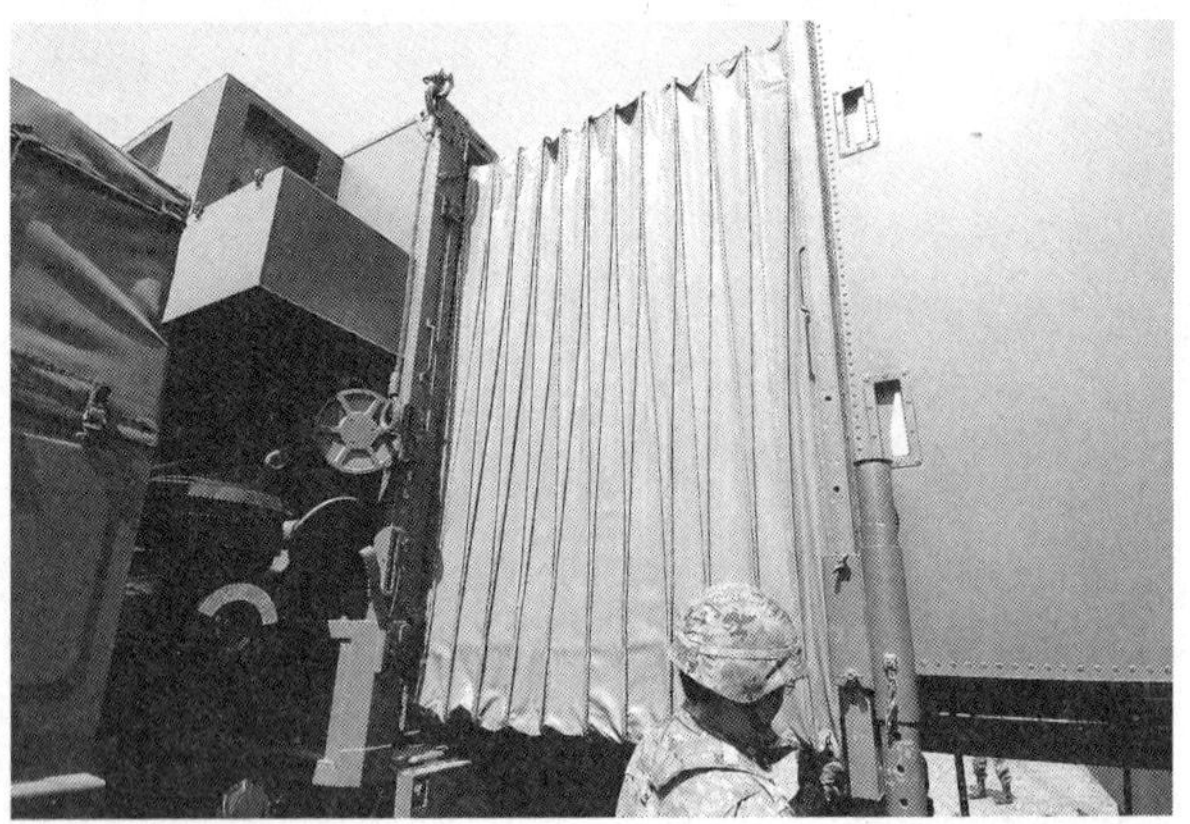

手術車と手術準備車は、写真のように連結することが出来る。こうすることで、手術や治療に必要な道具を取りに行くために、いちいちコンテナから出る必要がない

と判断すれば、自衛隊は撤退する。よって、大掛かりな手術をしても術後の経過を見続けることができない。法的な問題もある。大学病院並みの設備は持っているが、そのような理由から、野外手術システムでは、あくまで応急処置しか行なわず、緊急手術が必要な場合は、民間の病院へと運ぶ方法がとられた。

○07式機動支援橋

施設科では、数種類の架橋器材を保有している。その一つが、橋脚となる柱を立て、その上に橋を構成するパーツを繋いでいく81式自走架柱橋だ。これまで陸自では一般的な装備だった。だが川底に柱を突き立てる必要があるため、水深の深いところには使えないデメリットがあった。

そこで橋を構成するパーツを川面に船のように浮かべ、繋いでいくことで、両岸をつなぐ92式浮橋が作られた。これは橋脚を立てる必要がないため、かなりスピーディーに展開できるが、流れが急なところでは設置が難しい。

この2つに代わる新しい装備として2007年より配備が開始されたのが、07式機動支援橋だ。頑丈なビーム（梁）を対岸へと渡す。いわばこれが背骨となる。この梁に、中間橋節と言われる橋となるパーツを組んでいくことで橋とする。最長60メート

07式機動施設橋のパーツは写真のようにトラックに積載されている。中間橋節と言われる橋を構成するパーツを降ろしている作業

まもなく完成となるところ。背骨となるビームに中間橋節を組み合わせ、どんどん繋いでいく。橋脚がなくとも、戦車が通過できるほどの強度を持っているのが特徴だ

ルの橋が作れる。橋脚は必要なく、直接川面に浮かべるものでもないため、川の流れも深さも関係ない。今後全国の施設科部隊に配備されていく予定だ。

戦車が乗ってもビクともしない構造であるため、一般車両の通行に何ら問題はない。

○ＣＨ－47Ｊチヌーク

双発ローターが特徴的な大型ヘリＣＨ－47チヌーク。米ボーイング・バートル（現・ボーイングヘリコプターズ）社が開発し、陸自では１９８６年から配備を開始した。川崎重工がライセンス生産し、日本仕様の「Ｊ」を付けたＣであることを意味する

双発のローターが特徴な輸送ヘリCH-47チヌーク。写真は陸自に配備されているもの。空自もチヌークを配備している。人員だけでなく車両も搭載できるなど汎用性が高い

H－47Jが誕生した。1995年から燃料搭載量を増大させるなど改良を施したJA型の配備も開始された。

両タイプの一番の違いは航続距離だ。JA型は機体横のバルジと呼ばれる出っ張り部分の燃料タンクを大型化した。その結果、これまでの倍近い、約1400キロもの距離を飛行可能とした。

収容人数は最大55人。機内の左右に折りたたみ式のベンチシートがある。シートを折りたたむと、全長4・9メートル、幅2・15メートル、高さ2・24メートルの高機動車を1両収容できるスペースを確保できる。

航空自衛隊でもCH－47Jチヌークを運用している。

○89式装甲戦闘車

なかなか勇ましい外観をした89式装甲戦闘車。だが、これも災害派遣された過去を持つ。陸自では、戦場で隊員を運ぶための装甲車APC（Armored Personnel Carrier）を配備している。あくまで輸送目的の装備であり、積極的に敵と戦う戦闘能力は有していない。

東西冷戦当時、ソ連による侵攻を阻止するため、北海道はまさに最前線だった。そ

実に兵器らしい外観をしている89式装甲戦闘車。それゆえに、御嶽山噴火にともなう災害派遣にこの車両が参加したことは、マスコミに大注目された。実際は使われずに終わった

こで、日本は北方重視の防衛戦術をとっていたため、北海道のみ各職種すべて装甲車化し、戦車と共に戦える部隊を作っていった。その一つとして、装甲車に戦闘能力を与えた〝戦う装甲車〟として、89式装甲戦闘車が誕生した。堅牢性を重視した車体は当然ながら、機関砲やミサイルを装備しているのが特徴だ。

砲塔には、スイスのエリコン社製の90口径35ミリ機関砲ＫＤＥを１門搭載している。発射速度は毎分２２０発。装甲車であろうとも蜂の巣にできてしまう能力だ。砲塔を挟み込むように左右に配置された箱は79式対舟艇対戦車誘導弾（通称・重ＭＡＴ）のランチャーとなっている。誘導弾とはミサイルのこと。なかな

かの重装備だ。

車内には操縦手など車両の運用に関わる3名の人員に加え、後部はキャビンとなっており、7名の普通科隊員が搭乗できる。キャビン中央には、背中合わせとなったベンチシートが置かれている。

この戦う車両が災害派遣されたのは、2014年9月27日に発生した御嶽山の噴火災害だった。もし捜索活動中に、再び噴火し、噴石が飛び交うような最悪な事態となったら、どう自衛官たちを守るかが考えられた。自衛隊が持つトラックでは、噴石を受ければ、車体を貫通し、車内に被害が及ぶのは避けられない。そこで、隊員たちの一時避難場所として、圧延防弾鋼板を用いているため装甲が厚く、対有毒ガス性能もあり、機動性の高いキャタピラを持つ89式装甲戦闘車が選ばれた。

○施設作業車

災害派遣実績はないものの、陣地構築や障害処理など多岐にわたる任務に対応できる施設作業車も活躍が期待できる装備だ。日本を代表する建設機械製造会社である小松製作所が製作し、1999年から配備が開始された。

運用は2名で行なう。重量は約28トン。全長8・88メートル、全幅3・77メートル、

装甲車と重機を足した新しい装備。敵の攻撃を受ける可能性がある場所での作業に用いられる。その丈夫さは、災害派遣にも必ず役に立つことだろう。ただし配備部隊が限られているため、数が少ない

全高2・77メートル。特徴は、車体上部に折りたたまれて収納されている伸縮式ショベルアームだ。車体前方へとアーム部分を回転させ使用する。穴を掘るだけでなくクレーンのように重量物の上げ下げなどにも使うことも出来る。車体前面には排土板があり、整地作業も行なえる。コンピューター制御されており、自律作業も可能だ。

性能は高い装備ではあるものの、配備率は低く、教育部隊を除くと、北部方面隊（北海道）の一部にしか配備されていない。戦車の定数が削減されていることもあり、今後全国配備となることもないであろう。それゆえ非常にレアな装備である。

●海自輸送力の増大へ向けて

海上自衛隊と言えば、護衛艦、輸送艦、補給艦など、多種多様な艦艇を保有しており、海から救助の手を差し伸べるフロム・ザ・シー活動を行なってきた。そんな海自も東日本大震災を契機として、航空輸送能力を高めることになった。

2011年9月5日、防衛省は海自向けの輸送機を配備することを決めた。それが、米軍の中古、それもC－130であったことから、新聞各紙は「海上自衛隊、米軍から中古の輸送機C－130を購入!!」と大々的に報じた。

買うと決定してから動きはスピーディーだった。同年度第3次補正予算案に6機分の購入費など約120億円を計上した。単純計算すると、1機あたり20億円となる。購入したのは米海兵隊が配備する空中給油機能付きのKC－130Rだった。だが海自では、空中給油機として使用する必要はないため、余計な機能を取り外し、輸送機として配備した。

C－130はアメリカにより開発された輸送機で、ニックネームはハーキュリーズ（ヘラクレスの英語読み）。1954年に初飛行した歴史ある機種である。1956年に米空軍に配備され、以降、米海軍、米海兵隊でも使用されている。最大積載量は20

海上自衛隊に配備されたC-130。これまでこうした輸送機を保有してこなかっただけに、東日本大震災にて露呈した海自輸送力の低さを補うことができた

トンを誇り、通常積載の状態で航続距離は約４０００キロとかなり長い。未整地でも離着陸が出来るように考えられており、砂漠の上だろうと、南極の氷の上だろうと、所かまわず着陸に成功している。これは軍用輸送機として非常に評価が高い。離陸滑走距離が１０００メートルと短いことも特徴で、なんと空母「フォレスタル」で発艦試験を試みた過去がある。

これほどの汎用性の高さがあるため、アメリカ以外でも69か国もの国が配備している。

日本もその一つで、１９８４年から１９９８年までの間にＣ－１３０Ｈを16機購入し、航空自衛隊第１輸送航空隊第４０１飛行隊に配備した。現在も航空輸送任務に就いている。

海自では輸送機として国産のYS－11－M及びYS－11－MAを配備していた。このYS－11という機体は戦後初の国産旅客機として開発された。紆余曲折を経て、1964年に運輸省の型式証明を取得した。全日空のYS－11が、東京オリンピックのための聖火を運んだ。

防衛庁にも納入されることが決まり、1965年から1973年の間に航空自衛隊に13機、海上自衛隊に10機配備された。

海自YS－11の主な任務は人員輸送だ。平成に入るとYS－11も機体の耐用年数がギリギリまで来たこともあり、その後継機種を考えることになった。当初は小型の旅客機タイプの導入も考えられていたが、東日本大震災が一つの契機となった。

空自はC－1やC－130輸送機をフル稼働させ、復旧したばかりの松島基地などに救援物資や救助部隊を送り込んだ。しかし数が足らず、KC－767空中給油輸送機や、飛行開発実験団が保有する研究・試験用のC－1も投入した。そのため、空自輸送機だけでは、災害派遣に関わるすべての輸送任務を行なうには数が足りなくなった。これではなかなか海自の輸送まで手が回らず、一つの課題を残した形となった。

これに加えて、現在海自がジブチ共和国を拠点として行なっている海賊対処行動に

航空自衛隊のC-130。もともと機体のカラーリングは、緑と茶色の迷彩模様であったが、イラク派遣を機に、水色へと変更。もし下から敵に狙われたとしても、空と同化させ、機体を隠すことが目的

関わる物資輸送についても、空自が輸送支援を行なっているが、こちらもいずれは海自だけで自己完結したいという思いがあった。

もろもろを勘案し、海自からしたら、輸送機C－130導入の良いタイミングと考えた。これで災害派遣にも活躍が見込めるだけでなく、本土から硫黄島や沖縄をはじめとした南方地域、果てはジブチまで自分たちだけでいつでも飛んでいけるようになった。

海自の戦術の大前提〝フロム・ザ・シー〟に間もなくエアー（空）も加わることになる。これも海自が多様化、グローバル化していく流れを見越しての必然たる変化なのだろう。

○ヘリコプター搭載型護衛艦　いずも型とひゅうが型

先代ヘリコプター搭載護衛艦である「はるな」型が基準排水量4700トン（改修後約5000トン）であったのに対し、後継となる「ひゅうが」型の基準排水量は13950トン、満載排水量に至っては19000トンにもなる。

特徴は、とてつもなく大型化しただけでなく、艦首から艦尾まで甲板が平らにつながった全通甲板とした。その見た目ゆえに〝空母〟型とも言われている。もちろん防衛省は「空母ではない」と真っ向から否定している。

2009年3月18日に「ひゅうが」、2011年3月16日に「いせ」がそれぞれ就役した。なお、2隻とも、戦中に航空戦艦「日向」「伊勢」として活躍した艦名を引き継いでいる。もともと戦艦として建造されたものの、後に航空機搭載能力が付与された珍しい「空母のような戦艦」だ。よって「ひゅうが」型にこの艦名を付けたということは、防衛省自ら「空母のような護衛艦」と言っているようで面白い。

「ひゅうが」は就役すると、同じ年に開催された観艦式や日米共同演習、そして自治体主催の防災訓練へと立て続けに参加した。ここまで忙しい護衛艦もそうそうなく、就役から休まず走り続けてきたが、「いせ」が2011年3月16日に就役するタイミ

まるで空母のような外観が特徴の「ひゅうが」型と「いずも」型。写真は、「いずも」型の2番艦「かが」。船体のサイズは「ひゅうが」型よりも大きくなり、多くのヘリが搭載できるようになった

ングにあわせ、ドック入りする予定であった。

しかし、直前の3月11日に東日本大震災が発生。当然ながらドック入りを中止し、「ひゅうが」はすぐさま被災地へと急行した。

宮城県沖では、救援物資の海上輸送基地として大活躍をした。消防や警察、自治体のヘリが「ひゅうが」に着艦し、救援物資を積載し、各避難所を回った。トモダチ作戦を展開中の米軍ヘリの支援も行なった。艦内の風呂を開放し、被災者をヘリで「ひゅうが」まで運んで入浴させるというユニークかつ大掛かりな支援も行なった。こうして「ひゅうが」が被災地で活動している中、予定通り3月16

日に「いせ」も就役した。

そして2015年3月25日、ジャパンマリンユナイテッド横浜事業所磯子工場にて、護衛艦「いずも」が就役した。これまで最大と言われていた「ひゅうが」型をあっさりと抜く、基準排水量19500トン、全長258メートルの大きさを誇る。「ひゅうが」型を一回り程大きくしたサイズ感だ。2番艦は「かが」と命名され、2017年3月22日に就役した。

外観上の特徴は、「ひゅうが」型と同じく全通甲板だ。甲板上で5機のヘリオペレーションが可能。艦内のドックを含めると、最大14機も搭載可能。ちなみに「ひゅうが」型は、4機のオペレーション能力を持ち、最大搭載能力は11機である。

大日本帝国海軍時代の空母「飛龍」が、基準排水量17300トン、全長227メートルであり、「いずも」より少し小さいぐらいとなる。世界に目を転じれば、イタリア海軍にて2008年に就役した軽空母「カヴール」が、全長244メートルと、「いずも」とほぼ同サイズである。

艦内は格納庫を兼用した巨大なドックがあり、陸自の3トン半トラックであれば最大50両運べるキャパシティを有する。陸自隊員も最大400名収容可能。輸送艦としての能力も併せ持つ。熊本地震では、輸送艦として「いずも」が大活躍した。

○輸送艦　おおすみ型

１９９８年3月11日、海自初となる全通甲板を持つ輸送艦「おおすみ」が就役した。以降、「しもきた」「くにさき」とトータル3隻体制となり、第1輸送隊（呉）に配備されている。

これまでの海自輸送艦は、船底が平らになっており、そのまま船体を浜辺に乗り上げ（これをビーチングという）、艦首のハッチから車両や人員を下ろす方法を用いていた。

ただ、このような形状では波の影響を受けやすい。まるで〝たらい〟のような形状であり、長期航海には不向きだった。また、ヘリの搭載もできなかったので、ビーチングできなければ、一切上陸できないデメリットがあった。

それをもっとも痛感したのが１９９２年のカンボジアＰＫＯ派遣であった。当時の輸送艦は、基準排水量２０００トン程度と小さかったため、輸送能力も長期航海能力も低かった。そこで、今後増えていくであろうＰＫＯ活動や海外派遣、そして災害派遣にも対応する大型輸送艦を作ることにした。それが「おおすみ」型だ。

陸自の展開能力を向上させるため、多数の車両やヘリを運べるように、基準排水量

熊本地震に災害派遣され、八代港に停泊中の「おおすみ」。PKO派遣や国際緊急援助活動など、長期航海も行なえる大型輸送艦として建造された。「おおすみ」「しもきた」「くにさき」と3隻を保有する

「おおすみ」型艦内のドックスペース。写真のように車両を積載できるほか、東日本大震災では、このスペースに風呂を開設した。多くの人員や救援物資、車両を搭載できる「おおすみ」型は今では必要不可欠な装備だ

は8900トンとなった。サイズだけを見てもこれまでの輸送艦の4倍以上となった。

「おおすみ」型の特徴である全通甲板であるが、艦橋構造物横から艦首までは車両甲板、後部をヘリ甲板としている。よって、実質は2つのスペースに分かれており、「いずも」型や「ひゅうが」型のような、ヘリ空母になりえる艦艇ではない。しかしながら、この「おおすみ」型を建造したノウハウが生かされたのは間違いない。

艦内のドック内には、74式戦車ならば12両も搭載できる充分な格納スペースがある。車両や資機材の積載量は申し分ない。陸上自衛隊員たちが330

上陸する場所を選ばないエアクッション型揚陸艇LCAC。写真のように、海上からそのまま浜辺へと進出することが可能。戦車も搭載できるほどの高い輸送能力を有するので、災害派遣での活躍が期待される

名程度乗艦できる居住区もちゃんとある。

これら陸自車両を陸地まで運ぶのがＬＣＡＣ（Landing Craft Air Cushion）だ。いわゆるホバークラフト型の輸送艇で、最大約70トンの積載能力があり、戦車も1両だけならば運ぶことが出来る。最大積載時でも40ノットと驚異的なスピードが出せる。そのまま浜辺に乗り上げていき、車両や人員を降ろすという運用方法だ。各輸送艦に2艇ずつ配備するため、全部で6隻を保有している。

東日本大震災では、「おおすみ」型とＬＣＡＣは、救援物資や人員輸送に大活躍した。

◯補給艦　ましゅう型

補給艦とは、洋上で護衛艦に燃料や食料などを補給することを任務とする。これにより、港に戻らなくても任務を継続できる。

補給艦が大きければ、それだけキャパシティも増大し、さらに多くの護衛艦を支援できる。そういうコンセプトで、建造されたのが大型補給艦「ましゅう」型だ。

２００４年に「ましゅう」が就役すると、乗員の錬成訓練が終わるか終わらないかの9か月後に早速インド洋へと護衛艦とともに派遣された。アフガニスタンでテロ戦

写真のように、洋上にて他の艦艇に燃料等を補給することを任務としているのが補給艦「ましゅう」型だ。艦内には充実した医療区画があり、洋上病院としても使える

争を行なう米軍艦艇への燃料補給のためだ。護衛艦とともに、長期航海を行なえるよう考慮した結果、補給艦としては初めてガスタービンエンジンを採用した。さらにステルス性を考慮した船体としている。戦う補給艦となった。

２００５年に就役した2番艦「おうみ」には、女性自衛官用の区画を作り、「ましゅう」にはなかった高性能20ミリ多銃身機関砲が2基装備された。なお、「ましゅう」にも後に女性区画が作られている。

艦内には、手術室、集中治療室、レントゲン室、歯科治療室、46床もの入院区画をもつ充実した医療区画がある。災害派遣において洋上の医療施設としての活躍が期待できる。

○掃海母艦　うらが型

東日本大震災において、沿岸部での捜索活動の拠点となったのが、「うらが」と「ぶんご」の2隻である。まとめて「うらが」型と呼ぶ。「うらが」は、1997年3月19日に就役し、横須賀を母港としている。「ぶんご」は1998年3月23日に就役し、呉を母港としている。

かつて第1掃海隊群、第2掃海隊群と2つの掃海部隊があったため、掃海母艦を2隻建造した。しかし2000年に1個の掃海隊群としてまとめられたが、日本列島すべてをカバーするに

掃海部隊の旗艦である「うらが」（写真）と「ぶんご」。この2隻を「うらが」型と呼ぶ。東日本大震災では、沿岸部における捜索活動の拠点として活躍した。こちらも医療区画は充実している

は2隻は絶対に必要と判断され、そのままの配置としている。

艦内にはダイバーのためのスペースや充実した医療区画を有している。

船体後部はヘリ甲板となっており、大型の掃海輸送ヘリＭＣＨ－１０１が運用できる。

なお「うらが」と「ぶんご」は同型艦であるが、大きな違いがある。それが主砲だ。「うらが」は、後日搭載する計画であったため、主砲を装備していない。一方、「ぶんご」は、就役時から艦首に76ミリ砲が装備されている。結局「うらが」は現在でも主砲がないままである。

○救難飛行艇ＵＳ－２

海自は世界でも珍しい救難飛行艇ＵＳ－２を配備している。第31航空群第71航空隊（岩国）が唯一のオペレーターだ。２００７年より配備が開始された。製造したのは新明和工業（兵庫県宝塚市）だ。１９４１年に「二式飛行艇（二式大艇）」という傑作飛行艇を生みだした川西航空機をルーツに持つ会社である。

戦後、最初に作られた飛行艇は、敵の潜水艦を捜索する対潜哨戒機ＰＳ－１だった。１９７０年より配備を開始した。運用方法は、着水してから、海中へとソナー（潜水艦のスクリュー音などを聞くための機材）を降ろし潜水艦を探す。しかしこの方法では、はっきり言って効率が悪かった。配備早々、対潜哨戒機としての運用を取りやめることとなった。

しかしながら、波高3メートルであろうとも着水できる能力は海難事故や滑走路のない離島からの急患搬送など、災害派遣に活用できると考えられた。そこで、救難飛行艇へと改造されることになった。

こうして1976年から配備が開始されたのがUS－1Aである。PS－1の配備からわずか6年での方針転換だった。

海自が救難飛行艇を配備している本来の目的は、敵機に撃墜された自衛隊機のパイロットを救出することが目的だ。領海内ギリギリのところまで飛行できるのは当然のことながら、救助したのち帰投できる能力は絶対に必要となる。そこで航続距離は4700キロと長いのが特徴。ちなみに陸自で一番航続距離が長いCH－47JAであっても航続距離は約1400キロしかない。

自治体などから要請があれば、急患搬送も行なうため、緊急事態に対応できるように、岩国基地だけでなく、厚木基地にも分遣隊として、機体と人員を配置している。

一刻を争う事態となれば、医師や看護師も同乗し、機内にて応急処置を行なう体制

日本が世界に誇る救難飛行艇US-2。海面に降りられるため、海難救助には欠かせない。実際にこれまで多くの救難事案に対処してきた

をとっている。しかしＵＳ－１の機内は与圧されておらず、乗り心地はかなり悪い。騒音も大きく、本格的な治療となると難しかった。また気圧維持のために、高高度飛行が難しく、低気圧も避けて飛行しなければならなかった。救難機にとって、天候の影響を受けやすいのは弱点とも言える。

そこで、ＵＳ－１Ａを改造したＵＳ－１Ａ改が作られた。２００３年12月18日に初飛行に成功し、配備開始とともにＵＳ－２と改名された。

ＵＳ－１と見た目は大きく変わらない。一番の違いは、与圧キャビンを採用したので居住性は非常に良くなった点だ。巡航高度が約６０００メートルと伸び、ＵＳ－１よりも約２倍も高く飛行することが可能と

なった。これにより低気圧の真上も飛んでいけるようになったため、天候に左右されずに飛行可能となった。驚くべきは、着水滑走距離が310メートル、離水滑走距離も280メートルとそれぞれ短い点だ。あくまで理論上だが、上野の不忍池にも降りられる。

海外での評価も高く、現在インド及びインドネシア、タイなどが購入を検討している。なお、US−1Aは2017年をもって全機引退した。

○掃海輸送ヘリMCH−101

それまで配備してきた掃海ヘリコプターMH−53Eと、南極での輸送ヘリS−61Aの後継としてMCH−101マーリンの配備が開始された。防衛省にしては珍しいヨーロッパのアグスタウェストランド社製である。すでにNATO加盟国でも使用されており、実績のあるヘリだ。

2006年に完成品が1機のみ納入され、2号機は川崎重工業によるノックダウン生産（パーツを輸入し、日本で組み立て）、3号機以降はライセンス生産となった。

EOD（爆発物処理）ダイバーを現場海域まで空輸するのが任務となっている。輸送能力が高いのが特徴で、東日本大震災や熊本地震では、救援物資や人員の輸送に大活躍した。

砕氷艦「しらせ」に搭載するため、完全なる輸送機型であるCH－101も2007年から配備している。

●空自の航空輸送能力

空自と言えば、やはり〝空駆けるパイロット〟をイメージする人が多いことだろう。だがパイロット以外にも職種は約30種類にも及び、多種多様な配置がある。

災害派遣において、空自にしかできない支援が航空輸送だ。C－1、C－130、C－2、KC－767など、大型輸送機を用いて、救援物資や人員輸送など、大規模な支援任務を行なっ

掃海輸送ヘリとして配備されたMCH-101。広いキャビンは人員や物資の輸送に最適で、熊本地震等で活躍してきた。配備数は少なく、岩国基地の第111航空隊のみが同機を運用している

てきた。

東日本大震災では、空自給養員を離島に運んで現地で調理するといった〝空から陸へ〟の支援も多数行なっている。

また、本来は日本領空に近づく恐れのある他国の航空機を警戒するスクランブル待機態勢を災害派遣にも生かしてきた。震度5以上の地震が発生すれば、戦闘機を飛ばし、市街地上空からパイロットが目視で被害がないか確認する。

茨城県の百里基地には、偵察用のRF-4ファントムが配備されている。機体に装備されたカメラで地上の写真撮影を行なう。たとえば、御嶽山噴火災害では、被害状況を把握するため、目に見える資料が必要だった。偵察機ならではの活躍だった。

大規模災害に関わらず、あらゆる救助事案に対処するのが救難隊だ。消防や警察のレスキュー部隊では救助できないと判断され、自治体の長からの災害派遣要請を受けて出動する。

○C-1輸送機

1960年代に入ると、空自創設時に米軍から供与された輸送機の耐用年数が限界に達することから、後継となる輸送機の選定を開始することになった。

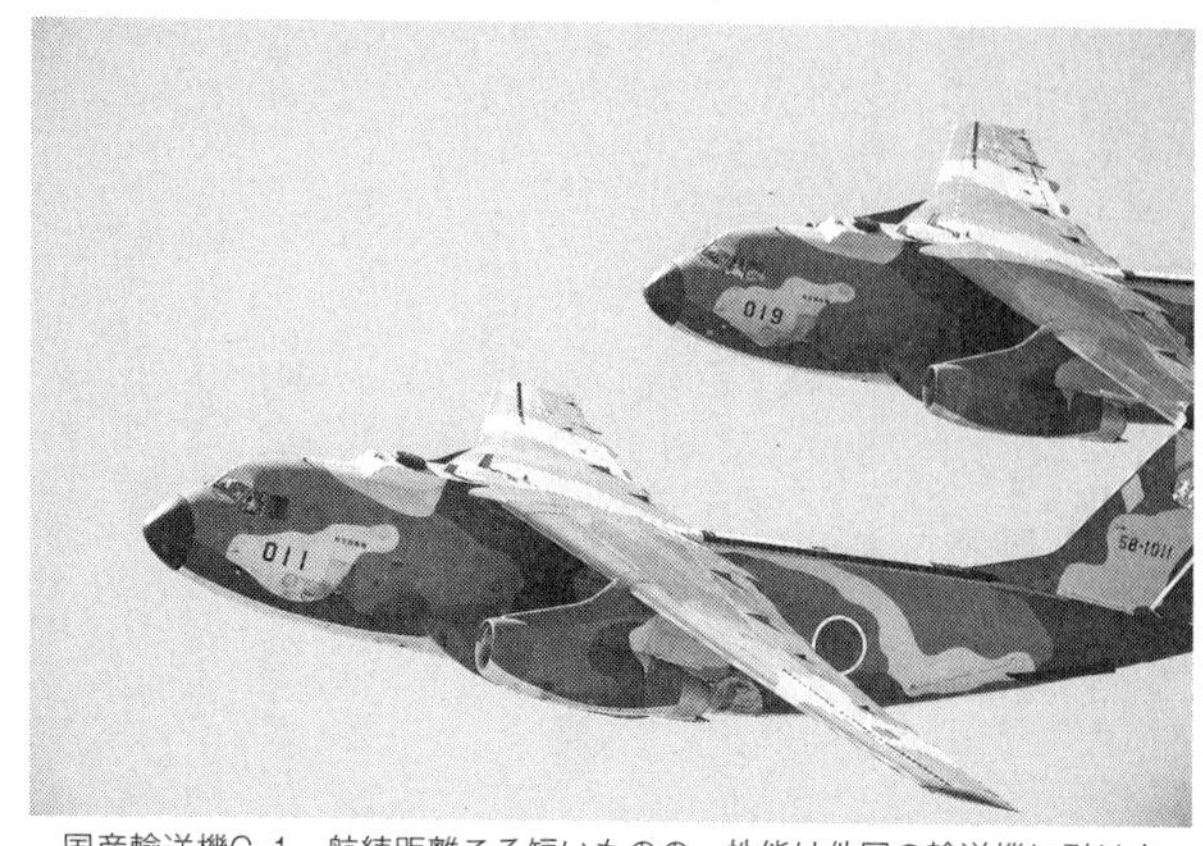

国産輸送機C-1。航続距離こそ短いものの、性能は他国の輸送機に引けを取らない。実際に多くの災害派遣にも投入されてきた。機体の耐用年数も限界に近く、徐々に引退している

そこで、アメリカはC－130を提案した。先述した通り非常に性能の高い輸送機であるから、日本でも導入ほぼ間違いなしとみられた。しかし防衛庁はこれを退け、国内航空産業を盛り立てる意味もあり、国産化の道を選んだ。国産旅客機YS－11を生み出した日本航空機製造（日航製）が主契約企業となった。

1969年にC－1の試作1号機が作られ、1970年に初飛行に成功した。しかしながら、「民間機のみを製造することを掲げて設立された日航製が軍用機を作るのは違法だ」「航続距離を長くすると、他国への侵略が可能になる」などと野党から追及されることになる。これを受けて、主契約企業を川崎重工へと変

更し、わざわざ航続距離を短くすることで決着を図った。これは致命的な弱点となる。そこで、結局航続距離の長いC－130も購入することになった。

ただし飛行性能は世界のどこの国の輸送機と比べても劣ることはない。460～600メートルの滑走路でも離発着が可能で、機体を90度に傾けての急旋回も可能という点においては、世界最高水準と言ってもいいだろう。

○C－2輸送機

90年代に入ると、C－130及びC－1の後継となる次期主力輸送機C－Xの選定が開始された。米国からの購入なども検討されたが、最終的にC－1に続き、エンジン以外を国産化することになる。ただ、防衛庁内でも国産開発はコストが掛かりすぎるという批判も多くあった。

2000年にいよいよC－Xプロジェクトはスタートする。2006年に精強度試験用の機体が防衛庁へ引き渡された。

問題も多かった。各種試験が行なわれている最中、リベットが防衛省の求める強度を有していないことが判明。また胴体フレーム等に強度不足が見つかる。一番の大打撃となったのが、エンジンの取引を行なっていた総合商社が分裂騒動を起こす。これ

空自の新しい輸送機C-2。配備までにすったもんだがあったものの、高性能の輸送機が完成した。すでに海外展開を何度も行なっている。他国からの注目も厚く、海外に輸出される可能性もある

を受け、一部経営陣が別会社を作り、GE社とのエンジン取引を継続することになった。だが、この随意契約をめぐり、新会社社長と防衛省事務次官（当時）との癒着が発覚。事務次官が逮捕されるという一大スキャンダルへと発展してしまった。

紆余曲折を経て、２０１０年１月26日、試作１号機はようやく初飛行に成功する。同年３月30日、防衛省への試作１号機の納入式が行なわれた。

Ｃ－２はＣ－１やＣ－１３０と比べると全長を約10メートル伸ばした。これにより貨物室内の搭載量が増大した。

Ｃ－１は、航続距離が短いという輸送機としては致命傷ともいえる弱点を持っ

ていた。８トン搭載しただけでたった１５００キロしか飛べなかった。しかしＣ−２は12トンの荷物を搭載した状態で６５００キロもの距離を飛行出来るように改善されている。こうした長時間の輸送任務に対応できるように、乗組員の居住性も向上され、2段ベッドや冷蔵庫と電子レンジを備えるギャレー、２か所のトイレが設置されている。

○空中給油・輸送機KC−767

空中給油機とは、戦闘機などが燃料補給のため、基地へと帰投することなく、上空にて給油するための専用航空機のことである。これにより、長時間領空内のパトロールが行なえるようになり、警戒監視能力は格段に向上する。

主要国空軍では必須の装備であるにも関わらず、日本では、戦闘機の海外展開能力を高める可能性があるとの理由から、空中給油機の配備は長らく見送られてきた。

２００３年3月にアメリカと購入契約を結んだ。選んだのは、旅客機としてお馴染みのボーイング７６７−２００ＥＲをベースにしたＫＣ−７６７だ。２００８年2月29日から配備を開始。小牧基地に所在する第４０４飛行隊が空中給油機部隊となった。配備数は全部で４機。

上空で戦闘機等へ燃料を給油するのが任務のKC-767。旅客機としてお馴染みのボーイング767の機体を流用している。機内にカーゴスペースがあり、救援物資の輸送などにも活用できる

ＫＣ－７６７は４～８人で運用される。コックピットで作業をするのは３～４人。

米軍の空中給油機は、目視でパイプ（航空機と接続する給油管）の位置を確認しながら戦闘機とドッキングしている。ＫＣ－７６７は機体下部に装備された５台のカメラが捉えた映像を操作卓で見ながらパイプを操作する世界初の遠隔視認装置を採用した。

輸送任務にも使えるように、カーゴエリアがあるのが特徴で、30トンの資機材や物資、２００人の人員輸送が可能だ。この輸送能力の高さは、東日本大震災や台風による高潮被害を受けたフィリピンへの災害派遣において証明された。

○UH-60J

日頃から、山岳救助、水難救助といった災害派遣にも対応しているのが、空自の捜索救難専門部隊である航空救難団だ。主力となっているのが、UH-60Jだ。米軍が戦闘捜索救難に使うHH-60Aをベースに、三菱重工がライセンス生産をした。1988年より配備を開始した。汎用性が高いのが特徴。

救難隊の本来の任務は、自衛隊や米軍の航空機が敵から攻撃され、撃墜された場合、捜索し、救難すること。これをCSAR（戦闘捜索救難）と呼ぶ。その高い能力は、先述したように、山岳救助や水難救助などにも活用され、

航空救難団のシンボルでもある救難ヘリUH-60J。消防や警察があきらめた救助事案に立ち向かう凄腕救難隊員たちの空飛ぶ相棒。海や山の遭難事故等、災害派遣の出動回数は多い

国民の命を守っている。１個救難隊は、２機のＵＨ－60Ｊと１機のＵ－１２５Ａで構成されている。

本来こうした救助を行なうのは、消防や警察の仕事である。しかし、それら救助機関が、救助をあきらめた時にお呼びがかかる。そこで、救難隊員たちは、自分たちを『最後の砦』と自負し、日々苦しい訓練に耐え、現場でも活躍している。

機体カラーは、要救助者から発見しやすいように、視認性の高い白と黄色のカラーリングであった。しかし、本来の任務を考えると、捜索海空域には、敵機や敵艦艇が潜んでいる可能性が高い。そこで、海へと機体を溶け込ませるため、洋上迷彩色とも呼ばれる濃紺のカラーとなった。護衛用として5・56ミリ機関銃も搭載できる。

なお、陸自では多用途ヘリＵＨ－60ＪＡとして、海自では救難ヘリＵＨ－60Ｊとして、同様の機体を配備している。

○U-125

救難捜索機として、１９９４年から固定翼機であるＵ－１２５Ａを配備している。

もともとビジネスジェットとして開発された機体であるため、軍用機っぽい武骨さはない。ベースとなっているのは、イギリスのデ・ハビランド社が作ったＤＨ－１２

U-125はビジネスジェットとして販売されている機体をベースに改良を加え、救難機とした。かつては水色のカラーリングであったが、現在は濃紺色へと改めつつある

5だ。だが、企業の買収・統合などで社名が変わるたびに名称も変わっており、現在は、ホーカー・ビーチクラフト社のホーカー800という名称となっている。

なお、空自では、同機を救難機の他、飛行点検機U－125としても導入している。

救難捜索機の役割は、救難ヘリよりも早く現場へと進出すること。そして低空かつ低速で海面上空を飛び、要救助者を捜索する。発見すると、海水を着色する救難用火工品を投下し、マーキングすることで、後続の救難ヘリが見つけやすいようにする。続いて、保命用援助物資を投下。救難隊員が到着するまで要救助者が浮いていられるようにする簡易のボー

戦闘機であるF-4ファントムⅡの偵察機バージョン。災害派遣では、機体に設置されたカメラで被災地上空を撮影し、それを参考にして作戦を立てる。間もなく引退が迫っている

トのようなものだ。食料や水などを投下することもある。あとは、上空を旋回しながら、要救助者の様子を確認し、報告していく。

機体下にあるこぶは、夜間でも捜索活動が行なえるように、赤外線暗視装置が収められている。

○RF－4　偵察型ファントムⅡ

どんな天候下でも撮影可能な偵察機。それがF－4ファントムを改造したRF－4E及びEJ型だ。まず1974年からRF－4Eを14機配備した。1990年からは、戦闘機として運用していた初期型のF－4EJを偵察機型に改造したRF－4EJも加わる。

基本的にF－4EJに準ずる機体性能であるが、偵察機としての改造が施されている。特徴は、従来機よりも速度、性能、航続性、安全性が向上した。搭乗員2人で任務の分担ができるため、肉眼による確認の確実性が高まった。

主たる装備として、前方監視レーダー、側方偵察レーダー、赤外線探知装置、そして前方フレームカメラ、低高度パノラミックスカメラ、高高度パノラミックスカメラなどを装備。カメラは機体のスピードに連動している。雨中でも夜間でも偵察・撮影ができる。

東日本大震災や御嶽山噴火災害など、多くの被災地で、撮影を実施してきた。被害状況の確認や捜索活動の方針を決めるにあたり、写真は極めて重要だった。

続々と戦闘機としてのファントムが引退しており、RF－4も全機引退してしまった。

第8章　東日本大震災ルポ

●未曾有の大災害

２０１１（平成23）年3月11日14時46分、東日本大震災が発生した。日本列島の太平洋岸、青森県から千葉県まで、およそ約５００キロを壊滅させた。震源地は宮城県牡鹿半島の東南東沖約１３０キロの場所。地震の規模はマグニチュード９・０。日本観測史上最大の大きさとなった。

さらに被害を拡大させたのは、地震の後に発生した津波だった。

陸海空自衛隊は地震発生1分後には早々に災害派遣の準備を進めた。そして地震発生の6分後である14時52分に岩手県知事より災害派遣要請がなされると、東北の部隊だけでなく、日本各地から被災地を目指した。

日本政府は、この未曾有の大災害に際し、防衛省に異例とも言える陸海空自衛官を10万人投入するように指示した。最終的に、陸上自衛隊については、戦力の44パーセントに当たる約７００００人もの隊員が派遣されている。派遣期間は約半年間にわたる長い戦いであった。

画期的だったのは、『災統合任務部隊』として、陸海空自衛隊が統合運用された点だ。２００６年に統合幕僚監部が発足してから、実践で部隊を統合運用するのは初め

岩手県のある集落。完全に住宅街が消えうせ、瓦礫だけが残る。沿岸部や川沿いではこうした悲惨な光景が多く見られた。道路もなくなってしまい、救助部隊もなかなか進出できずにいた

てのことである。

災統合任務部隊はJoint Task Forceの頭文字を取り、かつ東北エリアでの立ち上げということで、ＪＴＦ－ＴＨと呼んだ。司令官は東北方面総監・君塚栄治陸将（のちに陸上幕僚長となる）が務めた。司令部は仙台駐屯地に置かれた。ＪＴＦ－ＴＨの下に陸災部隊、海災部隊、空災部隊と３つの部隊が置かれた。陸災部隊指揮官は君塚栄治陸将が兼務した。海災部隊指揮官は、横須賀地方総監・高嶋博視海将、空災部隊指揮官は、航空総隊司令官・片岡晴彦空将がそれぞれ務めた。

東北方面隊には、第６師団（司令部：神町駐屯地）と第９師団（司令部：青森

駐屯地）の2つの作戦基本部隊がある。第6師団は、宮城県、山形県、福島県の東北3県を担当する。まさに、そのエリア内で発生した災害となった。それゆえに、第6師団の隊員たちや家族も被災者となった。津波に巻き込まれ、命を落とした隊員もいた。宮城県内にある陸自・多賀城駐屯地や空自・松島基地は、津波の被害を受け、一時的に機能を喪失した。その他にも本来ならば防災拠点となるはずだった自治体の庁舎、消防署、警察署も壊滅したところが多かった。

●あの日の東京

地震発生時、私は杉並区にある自宅で原稿執筆中だった。最初カタカタと小さく揺れだし、おや、と顔を上げ、天井を見上げた刹那、ドドーンと唸り声を上げ家が大きく左右に振られた。

とりあえずパソコンを閉じ、足元にあった電気ストーブを消した。奥の台所にある食器棚から食器が落ちる音が聞こえて来るが、机から移動することは出来なかった。揺れはなかなか収まらない——。近隣の家からだろう、年配の女性の悲鳴が聞こえて来た。「これはただごとではない」と考えることはできても、何も出来なかった。

そのうちに揺れは止まった。テレビから地震速報が流れてきた。床には本棚から落ちた本が数冊散らばっていたので、とりあえず本の片付けをし、机から落ちたペン立てを拾い、いつもの位置に戻そうとしたときだった。再び大きな地震が起きた。

ちょうど我が家の隣の土地では、住宅の新築工事が行なわれていた。その大工たちが、「逃げろー」と大声を発した。

ここで我に返る。家にいるのは危険と判断し、外へ飛び出した。取りあえず、家の向かいにある公園へ避難した。そこには数組の家族と大工たちがいた。

大きな揺れはこの2回だけだったと記憶している。その後数度の余震はあったが、安定を取り戻した。

私には小学2年生と保育園に通う娘が2人いた。彼女たちは大丈夫なのか？と不安になり、娘たちを迎えに行くため、まずは小学校へと向かった。校門前には、もうすでに多くの親御さんたちの姿があった。先生から、全員体育館にいると伝えられた。

体育館の扉は開かれており、中をのぞくと、防災頭巾を被った小学生たちがいた。大人たちが青ざめている中、子供たちは実に無邪気に遊びに興じていた。その中から娘を探し出す。

「パパ、今ね、地震があったよ！」と興奮して伝えてくる。引き続き次女をピックアップするため保育園へ向かった。その移動途中、テレビは津波発生を伝えていた。

しかしこのときの私は、この津波があんなにも甚大な被害を及ぼすとは考えていなかった。

帰路、環状8号線で、濃緑の車両とすれ違った。第1普通科連隊の車両だった。早速都内で情報収集を行なっているようだった。

子供たちを家に連れて帰ると、近くに住む義母に預けて、今度は帰宅困難者となった妻を迎えに行く。もう道路はピクリとも動かないほどの大渋滞。歩道ではスーツ姿のサラリーマンたちが列を作って歩いていた。

我が家から妻の会社まで、10キロも離れていないにも関わらず、往復4時間もの時間がかかった。

●被災地へ向かう

妻と娘たちの安全を確保した。とりあえず家長としての仕事はやり終えた。次はジャーナリストの末席に身を置く者として、被災地へと向かうことを決めた。

発生直後、早速都内を発った仲間がいた。だが、7時間かかっても埼玉県から出られていないと連絡があった。これは無闇に移動するよりは、しっかりと情報収集した方が良いと判断。TVでは、津波の映像が繰り返し流されていた。防衛省からは、淡々とプレスリリースが出されていた。

明けて12日。すでに現地に入ったはずの仲間たちとは連絡が取れない。東北エリアに勤務する知り合いの自衛官数名にも連絡を取ってみるが、こちらも同じ。携帯電話がまったく使えない状態になっていた。

とにかく行くしかない。昨晩都内を出発した仲間たちは福島に到着し、早い者はすでに宮城県で取材を開始したとの報告を受けていた。だが、岩手県の被害が甚大であるにもかかわらず、まだあまり取材者がいないという話も聞いていた。

そこで、ひとまず、岩手県の釜石市を目指すことにした。車に食料や寝袋、テントなどを積んで自宅を出発。外環道の和光インターに到着すると、すべての高速道路は通行止めとなっていた。

下道を行こうにも、都内から北上する国道4号線が、通行止めとなっていることをテレビが伝えていた。

どうやら車で関東から北上して東北を目指すのは難しそうだ。和光駅ロータリーで車を止め、しばらく逡巡していると、ラジオから上越新幹線が運行開始するとのニュースが流れてきた。狭い運転席で、日本地図を広げ、改めて東北地方を眺める。どうやら被害のほとんどない日本海側ならば北上できそうだ。一旦秋田ぐらいまで移動し、そこからレンタカーを入手すれば日本列島を横断して岩手に入れる。

自宅へと引き返し、駐車場に車を置いて、持てるだけの荷物を持って、電車にて東京駅を目指した。

東京駅の新幹線乗り場前のスペースは大混乱していた。長蛇の列となった切符売り場に並び、ようやく自分の番に。「上越新幹線で新潟まで」と行先を伝える。すると「発車時刻は未定ですがいいですか?」と駅職員が答える。ニュースは勇み足で、まだ安全確認の作業に時間がかかるというのだ。

すでに17時。駅の案内盤では、15時52分にMAXたにがわがガーラ湯沢まで行くことを告げている。出発の兆しはまだない……。

ここまできたら待つしかない。新幹線改札口の前にある階段に腰掛けた。すると隣には、スキー板を抱えた白人のカップルが途方にくれていた。彼らに声をかけると、「ガーラ湯沢に行こうと思っていたけど、どうしたらいいか分からない。駅員に聞いても英語が話せず、情報がない」と落胆した表情で話す。彼らにとっては、楽しいスキー旅行の予定だったのだろう。返す言葉が見つからない私は、「スキーは中止した方がいい」と、何の意味も持たないアドバイスしか出来なかった。すると、「それは分かっているけど、都内では空いているホテルが見つからなかった。野宿するぐらいなら、予約してあるガーラ湯沢のホテルへ向かうことにするよ」と力なく話した。
今回の震災では多くの外国人が混乱したと聞いている。避難誘導はすべて日本語。テレビやラジオでも当然ながら日本語でしか現状を伝えていない。街行く人も英語を話せる人は少ない。日本には世界中から多くの外国人がやってきている。今後は外国人の避難誘導ももっとしっかりと考えた防災対策をしなければならないと考えさせられた。

間もなく18時になろうというとき、いよいよMAXたにがわが出発するという放送が流れた。大混雑を掻い潜り、改札口を抜け、ホームに通じる階段を上る。だが、階段は途中までしか進めない。ホーム上に人が溢れ、列が動かくなっていた。それでも、この新幹線に乗りたい私は、なんとかホームへ出た。新幹線は乗車口を開けていた。どこが列かも良く分からない。車両へとぐいぐいと押し込まれる。車内はまるでラッシュ時の山手線のような状態だった。人が溢れており、扉が閉まらない。なんどか開け閉めを繰り返し、新幹線は東京駅を発車した。

当初の予定はとにかく新潟を目指すことだったが、新幹線は途中のガーラ湯沢までしかいかない。そこで在来線や路線バスと乗り継げる越後湯沢駅で降りた。駅員に新潟までのアクセスを聞くが、「在来線では今日中に新潟へはたどり着かない。次に東京から来る新幹線MAXときに乗ったほうがいい」と言う。「まだ東京駅は出発していないが、間違いなくこの新幹線は新潟に行く」と強く勧められた。そこで次の新幹線を待つことにする。その間に時刻表を借りて何とか岩手に近づく方法を探す。だが駅員の言う方法以外道はなかった。

高速バスはさすがに動いていないだろうなと思いつつもダメ元でいくつかのバス会社へ電話した。すると明朝8時5分に新潟発山形行きのバスが出ると教えてもらった。そのバス会社は、なんと被災地である仙台に向かう山形発の便も早々に復活させているという。

そこで、まず山形を目指すことを決めた。

●釜石の惨状

翌朝、高速バスは予定通り新潟駅前を出発した。いつもは1便1台のバスで運行しているそうだが、乗客が多すぎるので、この日は3台のバスで連なって山形を目指す。みな大荷物を持っている。聞こえて来る会話から、仙台の避難所に身を寄せている家族への救援物資を持っていく人が多いようだ。

そしてバスは3時間程度で山形へ。駅前のレンタカーに行くと、なんと、1台だけ

釜石市内で捜索活動を行なう第21普通科連隊の隊員たち。秋田駐屯地から派遣されてきた。家を見つければ中に入り、生存者やご遺体がないか捜索していた

空いているという。これで、なんとか岩手県へと向かうことが出来る。

車は途中渋滞することもなく快調だった。気がつけば岩手に入っていた。山道を進む国道２８４号線を行き交う車は警察や消防などの緊急車両以外はほとんど見かけなかった。

そして日のあるうちに気仙沼に到着した。ここから海側を走る国道45号線に入ることになるのだが、さすがに津波で道路は走れる状況ではないだろうと考えながら道を走る。その心配をよそに、道路の両脇に瓦礫が積み上げられ、走行できるようになっていた。すでに自衛隊が道路を通れるように作業した後だった。

しばらく順調に走っていると、突然道

路の真ん中に家が立ちふさがっていた。それを左に交わすと、その先にも家があった。自衛隊の作業はここまで。あとは、障害物をジグザグにかわしていく。ついこの間まで家族の笑い声が響いていたであろう家々がこうして本来存在しない場所にまで流されてきている。この光景を見て、改めて津波の恐ろしさを知った。

その後、気仙沼、大船渡と被害の激しい場所を通過した。家は基礎を残してどこかへと流されてしまい、広大な平野となっている場所がいくつもあった。

13日夜、ようやく釜石市内へと入った。ここを取材拠点とし、14日から本格的な取材をスタートさせた。

車を止めて瓦礫の上を歩いていく。すると瓦礫の前で掃除をするお爺さんに声をかけられた。「ひどいもんだろう。オレは地震の時に避難したから助かった。その避難先から自分の家が流されていくのを見たんだ。これはショックだった」と言う。

小さい子供を連れた若い母親にも出会った。何か持ち帰れるものがないか、自宅に戻ってみたのだが、流されてしまい、元あった場所もどこか分からなくなったという。

そしてある中年男性。家の2階に避難して、津波は免れたが、車が流されてしまったという。そこで車の中から免許証と小銭を取り出そうと車を探しているという。

本当に津波は何もかも奪ってしまった……。

壊滅した釜石警察署。本来ならば防災拠点となるはずだった警察署もこのようにもろくも破壊されてしまった。ひしゃげた白バイやパトカーが痛ましかった

再び車に乗り、釜石市役所を目指すことにする。向かう途中、カーナビは、付近に釜石警察署があることを告げていた。警察署ならば、何か情報が手に入るかもしれないと向かうことにした。

しかし、そこは瓦礫の平野となっていた。その中に確かに警察署はあった。しかし建物の屋根に乗用車が乗り、窓ガラスはすべて割れ、泥水が壁面を汚しているのが遠方からも見えた。車を止め、足元10センチぐらいまで沈む泥に足を取られながらもその廃墟となった警察署を目指した。

ひどい有様だった……。白バイがひっくりかえって瓦礫に埋もれている。パトカーがひしゃげてひっくり返っている。

もはや警察署としての機能を果たしていないのは一目瞭然だった。当然ながら警察官の姿などなかった。

警察署の脇は河口となっていた。そこにかかる橋の欄干に車が3台引っかかっていた。この辺りの被害の大きさに改めてびっくりだ。

すると迷彩服の一団が棒をつきながら瓦礫の上を歩いているのが見えた。第21普通科連隊の隊員たちだった。家を見つけると、窓から中に入り、だれかいないか捜索していた。その様子を取材していると、一人の隊員に声をかけられた。「余震が起きてますから、津波が起きるもんだと思っていてください」と注意された。

●東北へと通う日々へ

2日間にわたり釜石市を中心に取材を進めていたが、ここで問題が生じた。それはレンタカーのガソリンだ。すでに燃料計は、4分の1を示すラインも超え、間もなく給油ランプが点灯しそうだった。

当然ながら釜石市内のガソリンスタンドはほとんどが廃墟となり営業していない。内陸部に入ると、営業しているスタンドもあったが、給油対象は緊急車両のみとなっていた。

岩手県遠野市に第9後方支援連隊の指揮所があると聞いていたのでそちらに向かいつつ途中で給油しようと考えた。

だが甘かった。遠野市内でもガソリンはなかった。こうなったら、思い切って秋田県の横手市まで下がろう。横手を選んだ理由は、「大きな街だろうから」という単純な思い付きだった。

しかし、横手市内でもガソリンは手に入らなかった。スタンドの店員にいつになったら給油が出来そうかと尋ねるが、そもそもいつガソリンが届くか聞かされていないと、ため息まじりに話す。

もはや行く手は絶たれた。ガソリンがなくなれば退路すら絶たれることになる。他のみんなはどうしているかと連絡を取る。ある週刊誌チームは山形の新庄まで撤退し、ガソリンを入れたという。横手には、他の取材者もいたので、お互いに顔を会わせて情報収集したが、ガソリンのありかはだれも知らなかった。

ここで一旦取材を仕切りなおすことにした。同じ系列の店舗にレンタカーを返し、一度東京へ戻り、今度は自家用車で訪れることに決めた。

こうして私は、3月と4月は、都内と東北を通う日々を繰り返した。

●自らも被災者となった空自

航空自衛隊は空から各被災地へとアプローチし、救出救助や救援物資の輸送を行なった。のべ190機もの航空機を投入し、日本中から救いの手を差し伸べた。3月11日には三沢ヘリコプター空輸隊が陸前高田で11名を救助。そしてC－130Hが災害派遣医療チーム約160名を花巻や福島へと運んだ。発災直後のこうした活動だけでも、枚挙にいとまがない。

そんな航空自衛隊であるが、松島基地を津波により失っていた。

その日を振り返ってみよう。

3月11日のお昼過ぎ。雪が降り出したため、松島基地では午後からのフライトが中止となった。第21飛行隊のF－2はエプロンに並べられていたままとなっていた。

そこへ、地震が襲った。直後に大津波警報が発令されたため、松島基地の隊員たちは隊舎の屋上など高い場所へと避難した。エプロン上に置きっ放しとなった航空機を離陸させる案ももちろんあったが、人命が優先された。

そこへ津波が到達。真っ黒い水は徐々に基地を覆っていった。水位はみるみる上昇していき、エプロンに駐機していたF－2も飲み込まれた。流されていく機体。建物に打ち付けられ、突き刺さった機体もあった。除雪車といった重量のある車両であっても、容易に流されていった。

最終的に、松島基地では、Ｆ－２Ｂ戦闘機18機、Ｔ－４練習機４機、Ｕ－１２５Ａ救難捜索機２機、ＵＨ－60Ｊ救難ヘリコプター４機の計28機を失った。Ｆ－２Ｂは試作機をふくめて33機を配備していたが、その半数以上を津波により失う形となった。松島基地壊滅という事態となったが、当日勤務していたおよそ９００名の隊員たちは全員無事だった。

一つ奇跡が起きていた。世界に誇るアクロバットチームである「ブルーインパルス」（第11飛行隊）は、機体も人員も無事だった。

３月12日に、ＪＲ博多駅で、九州新幹線の全線開通を記念したイベントが予定されていた。そのプログラムの中に、ブルーインパルスによる飛行展示が組み込まれていたのだ。そのためブルーインパルスは事前に九州へと進出し、地震発生直前の３月11日午後12時50分から本番同様の予行フライトを博多駅上空で行なっていた。終了後、ブルーインパルスは芦屋基地へ降り立ち、翌日の式典を迎える……はずであった。ここで、地震が発生したのである。

松島基地の壊滅はブルーインパルスの隊員たちにも伝えられた。そこで彼らは機体を芦屋基地に置いて、Ｃ－１輸送機で入間基地まで移動した。まだ松島基地は使える状態ではなかったし、民間の仙台空港も壊滅していたため、空路はあきらめるしかなかった。そこで、入間基地から車両で松島基地へと戻った。「こんなに酷いとは思わなかった」と、ある隊員が後に語ってくれた。ブルーインパルスのハンガーも浸水し、何もかも流してしまっていた。

しかし、基地の復旧よりも先に、まずは、松島基地周辺での捜索や被災者の生活支援を急いだ。ブルーインパルスの隊員たちをはじめとした松島基地全員で、基地近傍の住宅街の瓦礫の除去や炊き出しを行なった。

建物の被害はさておき、まずは松島基地の滑走路を復旧させる必要があった。そして滑走路が使えるようになると、東北地方の救援物資の集積拠点となった。輸送機が次々と着陸する。後部カーゴドアから、物資が次々と降ろされていく。その間にも別の輸送機が次々と着陸してきた。

格納庫内には、物流倉庫のように、段ボールが人の高さ以上に積み上げられていた。陸自や空自のトラックを使い、これら救援物資は、各避難所へと運ばれていった。

その様子を取材していると、全身泥だらけでスコップを担いだ隊員たちがいた。津波により崩壊した格納庫や建物内にたまった泥を掻き出す作業が並行して行なわれていたのだ。

松島基地の給養小隊を乗せて、網地島へとやってきた空自部隊。給食支援を行なうため、食材や調理器材を運んできた

宮城県には、多くの島々がある。こうした離島エリアの生活支援を行なっていったのも空自であった。

3月25日。ヘリを使い松島基地の給養小隊が孤立した網地島へと給食支援に向かうと聞いた。そこで、同行取材した。この日、食料や水、燃料と支援要員を運んだのは入間ヘリコプター空輸隊のCH-47であった。20分あるかないかの短いフライトだった。機体左右にある丸窓から、海を眺める。穏やかな青い海であった。目を凝らすと、材木や魚網の浮きなどがたくさん浮かんでいた。

着陸するのは、かつて小学校だったが、廃校にともない病院となった場所だった。島民の多くがここに避難しているという。

校庭だった場所の真ん中に「H」の文字が書かれていた。そこを目標にCH－47は着陸した。

島民と協力し、機体からガソリンや水、調理器具などが下ろされていった。

今回の献立は豚汁とごはん、お漬物。着陸後すぐに旧校舎脇に大きな鍋が準備され、給養員が調理を始めた。お米は松島基地ですでに炊いてあり、保温容器の中に入れられていた。避難所の方へと保温容器が渡されると、エプロンに三角巾をつけた女性たちにより、慣れた手つきで次々とおにぎりが握られていく。大きなお皿の上にどんどんと積まれていくおにぎり。女性たちは楽しそうに会話をしながら手を動かしていた。もともと島に食料の備蓄はあったそうだが、暖かい食事は久しぶりとのことで、楽しみにされているようだった。

この活動に広報官として立ち会ったのは、ブルーインパルスの編隊長（当時）である安田勉3佐であった。機体は芦屋基地に残しており、しばらくブルーインパルスとしての活動は出来ない。そこで臨時広報官となった。安田3佐は「私は1番機のパイロット。こうした支援にも1番に駆けつけますよ」と冗談めかして答えた。空飛ぶ広報マンとして、島民とも積極的に会話を交わし、忙しそうに走り回っていた。

食事が完成すると、パイプ椅子に事務机が並ぶ殺風景な青空食堂に配膳された。島

網地島のお年寄りと一緒に笑顔で会話を交わしながらおにぎりを握る空自給養員。この島には備蓄していた缶詰などは多数あったものの、温かい食事は久しぶりだった

民のみなさんの笑顔で溢れていた。大きな笑い声も混ざる。「すいません、おにぎりもう一個もらえますか」と恥ずかしそうに申し出るお爺さんに、「どうぞ、どうぞ、何個でも食べてください。なんなら全部（笑）」と冗談を言う隊員。このやりとりを聞いて、大爆笑が起きる。私も昨日までの遺体捜索の取材から笑顔を忘れていたが、自然に頬が緩んだ。食事を提供すると言うことは、ただお腹をいっぱいにすることだけではないようだ。心もしっかりと満たしてくれる。何でもない時は、風呂も食事も日々の生活の一つとして当たり前にこなしている。だがここでは、これ以上ない安らぎと暖かさを与えてくれる。

こうして支援活動を終えると、再び松島基地へと帰還した。

それから松島基地は徐々に元の姿へと戻っていった。だが今回被害を受けたF－2Bという機体は、戦闘機パイロットの教育に使われている。いくら基地が復旧しても松島での教育が出来ないという状況に変わりはない。そこでパイロット学生たちは三沢基地へと移動した。パイロットを育てる手を休めるわけにはいかないからだ。

●トモダチ作戦

米軍も実に素早い動きを見せた。すぐさま空母を始めとした艦艇を被災地沿岸地域へ派遣した。沖縄や岩国、横田、座間、厚木と在日米軍基地から多くのヘリが東北へとやってきた。避難所となった学校の校庭や公民館などの屋上にＳＯＳと書かれた場所を探し出しヘリを急行させ、救援物資の輸送などを行なった。パッシブではなく、アクティブに助けを求めるメッセージは被災地では重要だと改めて知った。

また揚陸艇ＬＣＭを使い、捜索や瓦礫の撤去にあたる海兵隊員の上陸作戦を展開した。

こうした米軍による災害派遣活動はトモダチ作戦と命名された。

このトモダチ作戦における拠点となったのが仙台空港だった。津波の影響で滑走路

仙台空港ビル内には日米共同指揮所が置かれ、いかにして、迅速に空港機能を取り戻すかの方針が話し合われた。横田基地から米軍機が連日のように救援物資を運んできていた

やエプロン地区だけでなく、ターミナルビルも使えなくなっていた。それを日米協力して、復旧させた。そして仙台空港は一時的に「キャンプ仙台」と呼ばれた。横田基地からC－130輸送機などが毎日10便以上離着陸する米軍にとっての要所となった。

私は3月24日に、初めて仙台空港を訪れた。周辺はまだまだ瓦礫や車、流されてきた防風林などでひどい有様だった。

米陸軍及び米海兵隊員たちは、とくに回復が急がれるターミナルビルの復旧を行なっていた。スコップで丁寧に泥を掻き、瓦礫を手でどけていく。ドーザーで一挙に掻いてしまうような作業をイメージしていたが、慎重にかつ丁寧に作業をしていたのが印象的だった。写真や人形などが出てくれれば、それはゴミとはわけて保管していく。日本人に対し最大限気を使っての活動だった。

エプロン地区には届けられた救援物資が積まれていた。この空港が元通りになれば、よりたくさんの救援物資が届くのは当然のこと、何よりも人の行き来が出来るようになる。

米軍だけではなく、愛知県から駆けつけた第10師団の隷下部隊も一刻も早く仙台空港を使えるようにするため、必死に復旧活動を行なっていた。

日米の協力のもと、発災から約1か月後の4月13日には、なんと空港として再開できるまでになった。早速、羽田空港や伊丹空港から多くのボランティアや被災者家族が旅客機に乗ってやってきた。

●第44普通科連隊の活躍

私には忘れられない町があった。宮城県石巻市門脇町周辺だ。街が完全に消失した。津波の被害もさることながらその後に火災も発生。本来ならば避難場所となるべき門脇小学校も津波と火災の被害を受けた。校庭には真っ黒に焼けた車が折り重なり、地震から1か月を経ても油の匂いが消えることはなかった。そして毎日のようにご遺体

第44普通科連隊の高機動車に乗り、門脇町を走る。ほとんどの家が消え去り、焦げ臭いにおいが充満していた

も発見されていく。

発災から1週間以上たっても変わらなかった。瓦礫を少し持ち上げると、黒い煙がくすぶり、焦げ臭さが鼻につく。瓦礫を乗り越えて進むと、直径20センチぐらいの黒い棒のようなものが木の間に突き刺さっているのに気が付いた。近づいてみると、それは人の腕だった。これも発災から10日近くたった出来事だ。体の一部でも残っていれば良い方で、火災により、骨となって見つかった人も多かった。

この門脇町で捜索を行なっていたのは、福島駐屯地を拠点とする第44普通科連隊だった。

地震発生直後より福島駐屯地より石巻市へと進出してきた。「地元の福島も大変なことになっているんですがね……」とある隊員。たしかに福島県も津波により大きな被害を受けているのだが、福島第1原発の事故により制限区域が設けられ、20キロ圏内では遺体の捜索も出来ない状況だった。

第44普通科連隊が指揮所を構えていた石巻市総合運動公園に向かった。この部隊とは震災以前より交流があったし、非常に気になっていた。

3月12日の昼に福島駐屯地から先発隊を宮城県石巻市へと送り出した。続いて、主力部隊も12日の夜までに石巻市を目指して出発。地震の影響でデコボコに波打った東北道路を北上。電気は当然ながら不通となり、「遠くに見えるコンビナートの火災が唯一の灯だった」と隊員が語っていたほど真っ暗であったそうだ。そして13日夜から本格的な活動を開始した。

石巻市総合運動公園は、市の中心部から北へ約5キロの距離にあり、野球場、フットボール場、ふれあいグラウンドと大きな運動場を持っている総合公園である。駐車場には自衛隊車両、そして隊員たちが寝泊りするテントがズラリと並んでいた。グラウンドはヘリポートとなり、毎日多くのヘリコプターが救援物資を送り届けるため離着陸していた。陸海空自衛隊だけなく、米軍や警察ヘリもひっきりなしに降りてきた。

石巻市内は多くの場所が冠水した。隊員たちは腰まで水につかりながらボートを引き、被災者を助け出していった。徐々に水は引いていったが、日が経つにつれ、生存者を探すことは難しくなった。その代わりに増えていったのが先述したように、ご遺体の山であった。とにかく少し物をどかせば、ご遺体が横たわっているようなあまりにも悲惨な状況に、隊員たちは言葉もなかったそうだ。

「まるで眠っているかのような綺麗なご遺体もあれば、完全に焼け焦げてしまいほとんど骨しか残っていないご遺体もあった」とつらそうに話す隊員がいた。しかし、たとえご遺体であろうとも家族の元へと戻すために隊員たちは丁寧に扱った。

「何より辛かったのは子供のご遺体が出てきた時でした。今まで気にしないように淡々と感情を押し殺して作業をしていたのですが、50センチにも満たないような小さな遺体を目の前にしたときは、涙が止まりませんでした」

第44普通科連隊の石巻市での活動は1か月以上続くことになる。

部隊の高機動車に便乗させてもらい、門脇町を目指したことがあった。車窓から見えるのは一面の瓦礫の山。商店街を抜けてしばらく走ると〝かつて〟住宅街だった場所に到着した。もう何もない。そんな中、綺麗な状態で一軒の家が建っていたので近づいてみると、その家は元々この場所にあったのではなく、津波でどこかからか流されてきたものだった。中はがらんどうだった。

後方を歩く隊員が手にしている白いものは遺体の収容袋。門脇町はあまりにも多くのご遺体であふれ、途中で袋が足りなくなった

シンボルとなっていたのが真っ黒にこげた門脇小学校の校舎だ。この建物以外は何もない。もう一つ大きな建物と言えば、門脇町の隣町である南光町に建つ、日本製紙の石巻工場があった。この工場も激しい被害を受けており、本を作ることを生業としている身からすると、付近一帯に散らばる紙を見ると胸が締め付けられるように切なかった。

そんな瓦礫の町での捜索活動を取材した。隊員たちは木片を一つずつ丁寧にどかして下敷きとなった人がいないか確認していった。冷蔵庫が倒れていれば、扉を開いて中を確認するほどの徹底ぶりだった。隊員たちは無言で作業をしている。とても会話できるような場面ではない。

住人がいなくなり、街から完全に音が消えた。瓦礫の中にあった窓ガラスをだれかが踏むと、その割れた音が何十メートルも響き渡るほどの静寂だ。

こうした中での作業を朝から晩まで1日中続けていく。隊員たちは窓枠から中に入り、今するとと比較的状態の良い綺麗な白い家があった。

まで通りに室内を捜索していく。私も窓から中をのぞいてみると、家具が散乱しているが、ダイニングだとわかった。荒れ果てていても、電話機や炊飯器などが棚に整然と並んでいるのが不思議だった。床には無数の紙類が散らばっている。そこに財布が落ちており、隊員がそれを拾って中身の確認をしているそんな時だった。

2階から大きな声が聞こえてきた。

「遺体発見しました」

一瞬、隊員たちにどよめきが起こるが、すぐに冷静さを取り戻し、50代ぐらいの隊員が2階に向けて大声を張り上げた。

「1階に降ろせるか？　階段は使えそうか？」

「大丈夫そうです。2階の床もしっかりしてます」

そんな会話を交わす。

すると無線を聞いて、この捜索部隊の小隊長が駆けつけてきた。窓枠から顔を突っ込み、「よし、まずは2階から降ろそう」と命令を下す。

家の周囲を応援の隊員が囲んだ。そこへ白い遺体袋が届けられた。ダイニングテーブルの上に乗っていた物を少々乱暴に手で払いのける。ガチャン、ガチャンと大きな音がして、すべてが下に落ち、テーブルが顔を出した。その上に遺体袋が置かれた。

さきほど財布を拾った隊員が、中から診察券を見つけた。「この持ち主は○○さんです。同じ名前のカードが複数あるので間違いないと思います」と言う。

それを聞き、別の隊員が分厚い住宅地図を開いて、確認する。

そして、「あ、南光町○丁目にその名前見つけました。遺体は○○さんで間違いないようです」と答えた。すぐに遺体袋に黒いマジックで「○○さん」と名前が書かれた。そしてその名前の下に「診察券により確認」とも書き加えられた。

4名の隊員が遺体を抱きかかえるように階段を降りてきた。運ばれてきたのは一人の老女だった。着衣に乱れはなく、頭にはほっかむりをし、足元にはスリッパも履いている。まるで眠っているかのように綺麗な姿だった。隊員たちは手際よく遺体袋に遺体を入れる。財布と診察券も遺体袋の中に入れられた。

隊員たちから溜息が漏れる。毎日毎日多くの遺体と接する隊員たちには頭が下がる。

すると「タンスの下からもう一体ご遺体！」と再び2階から声がした。

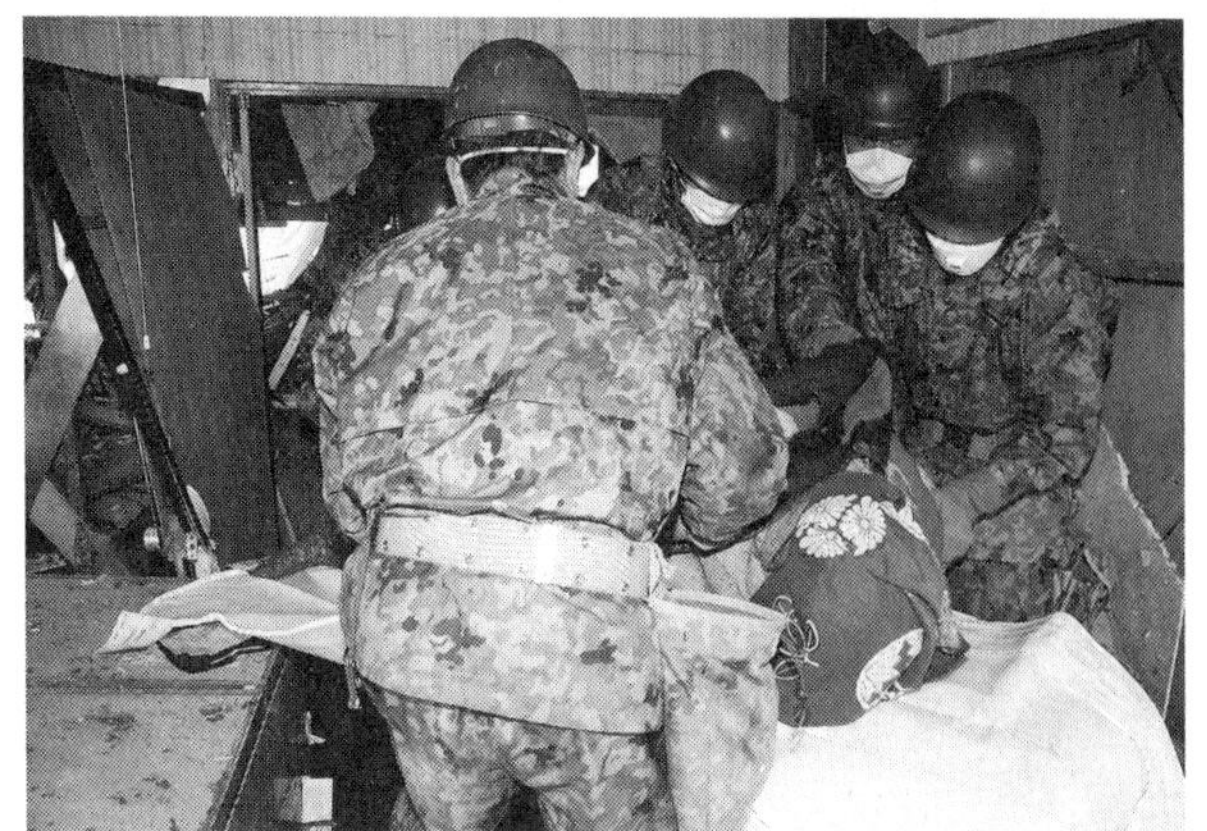

ご遺体を収容する第44普通科連隊の隊員たち。自衛官と言えども、ご遺体を見るのは葬式ぐらいなもので、慣れているわけではない

悪路に強い高機動車（写真の車両）であるが、被災地を走る中でパンクした車両も多くあった

●海自の活躍

海上自衛隊は、護衛艦、補給艦、掃海艇など動かせる艦であれば、とにかく被災地沿岸海域へと派遣していった。それも地震発生の1時間後には横須賀、呉、佐世保、舞鶴、大湊の各基地から計42隻が出港し、南三陸沖へと展開するという迅速さであった。

この日、横須賀では海曹を対象とした昇任試験の真っ最中であった。そこへ地震発生。津波警報が発令されていたため、まずは自分たちの艦艇を守るべく、すべて出港した。そしてそのまま洋上で災害派遣命令が下る。試験を受けていた海曹たちも急いで駆けつけるが、武山駐屯地など遠方で試験を受けていた者の到着は待たずにそのまま出港していったと言う。

海上自衛隊は漂流者の捜索、救出救助、救援物資の輸送など、じつに数多くのミッションを繰り広げた。横須賀基地と大湊基地を補給基地として各艦は動いた。原子力災害対処として横須賀警備隊の油船（燃料船）やタグボートが原子炉冷却のための水を運ぶという危険な任務も実施した。

東北の各港は甚大なダメージを受けていた。さらに湾内には津波によって流された家屋や車両、流木などが溢れており、官民合わせてあらゆる船舶の入港が不可能だった。

そこで活躍を見せたのが、海自が誇るＬＣＡＣ（エルキャック）だ。これはホバークラフト型の輸送艇（海自ではエアクッション型と呼んでいる）で、浜辺や起伏の少ない岸壁などに直接乗り上げることが出来るのが特徴だ。もちろん通常の艦艇のように栈橋に横付けすることも可能。とにかく場所を選ばずにどこでも出入港できる輸送艇だ。

もともとＬＣＡＣは、陸上自衛隊の部隊を母船である輸送艦から陸地へと運ぶための装備だ。有事の際は約50トンもの重さがある戦車すら運べるように出来ているのだから、救援物資の搭載や人員輸送などのキャパシティはまったく問題がない。そこで輸送艦「おおすみ」型搭載のＬＣＡＣを使い、福島県の小名浜等への海岸へと救援物資を陸揚げした。

また、輸送艦艦内の戦車や装甲車などを搭載しておくドックスペースに、浴槽を置いて、臨時浴場として開設した。浴槽と言っても、パレットやビニールシートを活用し、キャンプ用のテントを上手くいかした手作り感いっぱいのものであった。

4月中旬までは多くの被災地で水道もガスも復活していなかったので、このお風呂は貴重であった。そこで、被災者を洋上の輸送艦まで運ぶというダイナミックな入浴支援を行なった。その被災者の輸送手段としてもＬＣＡＣが活躍した。

私は、〝ひとっ風呂〟浴びてきた被災者たちを石巻市内の漁港で出迎えた。岸壁に横付けたＬＣＡＣから被災者たちが降りてきた。さっぱりとした顔からは笑顔がこぼれていた。

●洋上の大捜索

海災部隊の一つである、第2護衛隊群司令・淵之上英寿海将補が指揮する護衛艦「くらま」を取材した。この「くらま」は佐世保を母港とする護衛艦だ（２０１７年に退役）。

震災が発生すると、救援物資を積み込み同日、母港を出港。12日に、まずは被災地沿岸地域にヘリを飛ばして上空からの情報収集活動を行なった。パイロットは、「海面には家や船などが無数に浮かんでいて想像以上だった。中でも一番ショックだったのは空自松島基地上空を飛んだときでした。浸水した基地ではＦ－2戦闘機が建物に突っ込んだり、ひっくり返ったりしており、胸が痛かった」と語ってくれた。

ヘリによる報告を受け、「くらま」艦内では、淵之上司令を中心とした幕僚たち全

海自哨戒ヘリSH-60Jが被災地上空を飛ぶ。機内からクルーが双眼鏡を手にして、ご遺体を捜索していた

海自はヘリを使い、宮城県内に点在する島々へと救援物資を運んでいった。島の方々と協力し、リレー形式で次々と物資を降ろしていく

第2護衛隊群の旗艦「くらま」。発災とともに、救援物資を搭載し、母港である佐世保から、東北を目指してやってきた。捜索部隊の指揮艦として、各艦艇を取りまとめた

員顔を揃え、今後の作戦が練られた。救援物資を届けるとともに、離島での捜索活動を行なっていく、という方針が打ち出された。すると、「自分も現地に行かせて下さい」と熱望する乗員たちが後を絶たなかった。直接司令に直談判する若者もいたそうだ。何かしなければと、みな居ても立ってもいられなかったのだろう。

ヘリで見た情報に加え、ニュース映像なども大いに参考にしたという。護衛艦に置いてある海図には小学校や公民館などは書かれていない。そこでニュースで避難所が映し出されると、インターネットで検索し、住所を調べ出し、それを座標に置き換えて海図上に印を付けていっ

た。こうして「くらま」オリジナルマップを作り上げていった。

搭載ヘリSH－60Jをフル稼働させて、主として桂島や寒風沢島、網地島など離島各所へ糧食や水、燃料を空輸した。最初は「くらま」に積みこんだ缶詰などを配りまわった。しかし被災地のニーズは日を追うごとに変わっていき、オムツやミルクといった要望も出てきた。それらは、さすがに艦には積んでいない。そこで、JTFに報告し、陸自の多賀城駐屯地に準備をさせ、それら物品を受け取ってから、被災地を回る活動も行なった。

また、八戸基地で救援物資を積み込んだ別部隊のMH－53EやCH－101といったヘリが「くらま」まで運んでくることもあった。それをSH－60Jに積み替えて避難所を回ったこともあった。

これだけではない。「くらま」には医師

「くらま」の艦橋脇にあるウイングと呼ばれる張り出した部分では、双眼鏡を手にした見張り員が常に立っていた。漂流者やご遺体を捜索するためだ

1名、看護師2名の3名の医療チームが2組乗っていた。離島の多くは高齢者が多く、その健康管理のため、医療チームが島に渡り、血圧の測定、問診などを行なった。護衛艦の修理を行なう応急工作員も被災地へ送った。彼らは大型工具の扱いはなれている。そこで、陸自とともに瓦礫の撤去を行なった。艦橋では、常に双眼鏡を手にした見張り員が数名ついていた。海上に漂流する生存者、またはご遺体を捜索するためだ。

捜索活動に大活躍したのが海自掃海部隊だ。中でも水中での活動を得意とするEOD（Explosive Ordnance Disposal）たちの活躍を抜きにしては語れない。

EODは日本語では水中処分員と呼ぶ。本来の任務は、機雷や不発弾を爆破処理することだ。掃海母艦や掃海艇に乗り込み、機雷を発見すると、その近くまでヘリやボートで近づき、機雷に爆弾を仕掛け、誘爆処理する。一見すると命をかけた任務のようだが、じつは生身の人間に機雷が反応することはない。機雷は、船体の発する磁気やスクリューの音に反応するように出来ているからだ。

私は5月31日に、掃海母艦「うらが」へ向かった。この取材時までに、海自全体で410体のご遺体を収容しているが、その内、掃海部隊が収容したのは174体。これは全体の4割にもなる数字だ。

収容したご遺体の多くは、波打ち際など沿岸地域で発見された。とくに荒天となった次の日はご遺体が漂着していることが多かったという。湾内の、それも沿岸部のような浅い場所へは、護衛艦のような大型艦は入っていけない。それでいて道と言う道もなく、陸上からアクセスも難しい。そこでEODが海上からボートで向かい、捜索活動を行なった。

じつは「うらが」は、東日本大震災への災害派遣が当初見送られていた。というのも、年次検査のため鶴見のドックに入っていたのだ。検査の期間は7か月。地震発生時には、すでにエンジンがはずされて、オーバーホールに入っていた。すぐに災害派遣とはならなかったが、国難に際し、指をくわえてただ黙っていることなど出来るわけもない。

1週間ほど修理期間を縮め、なんとか準備が整うと、一目散に現場へと向かった。多くの乗員は「修理中歯がゆかった」「何も出来ないというのがつらかった」と話す。すでに現場では同型艦である掃海母艦「ぶんご」や多数の掃海艇が活動していた。「うらが」の派遣期間は4月18日から5月3日の1回目、そして2回目は5月18日から5月31日、3回目は6月14日から6月28日とへビーローテーションとなっていた。「うらが」と「ぶんご」が交替で現場指揮に当たることになった。

海自掃海部隊の主な活動エリアは気仙沼だった。湾内の水中視界は総じて悪く、視程数センチという場所もあった。これでは、水中捜索を行なったところで効率が悪いので、沿岸地域を中心とした海上捜索に重点を置いた。

私もＥＯＤとともにボートに同乗させていただき、行方不明者の捜索現場へと向かった。気仙沼湾には、流されてきた車やフェリーがひっくり返って浮かんでいた。ちょうどサルベージ船が沈没した漁船を引き上げている所を見た。真っ黒に焦げた船体が何とも悲しかった。

ボートは1隻のフェリーが打ち揚げられた地点で止まった。ご遺体が打ち寄せられて引っかかっている可能性が高いという。

取材時に活動していたＥＯＤは7名。横須賀水中処分隊から3名、掃海艇「のとじま」から2名、潜水医学実験隊から2名という内訳だった。水中に潜った隊員は、念のためフェリー下を捜索した。そしてボートを岸へと横付けすると、他のＥＯＤたちは次々と上陸して行き、陸上から沿岸部の捜索を開始した。

テトラポッドの間や、瓦礫が滞留している場所に棒を突き刺し、丁寧に捜索していく。じつに地道な作業の積み重ねではあるが、発災以来ずっと行なってきたという。

指揮を執った「うらが」艦長藤田毅1等海佐はこう話す。

「修理期間を縮め、現場へと進出しました。本艦の乗員たちの士気は高かったですね。

ゴムボートにより、捜索活動へと向かうEODダイバーたち。この日の目標は、漂流するフェリーの周りを捜索することだった

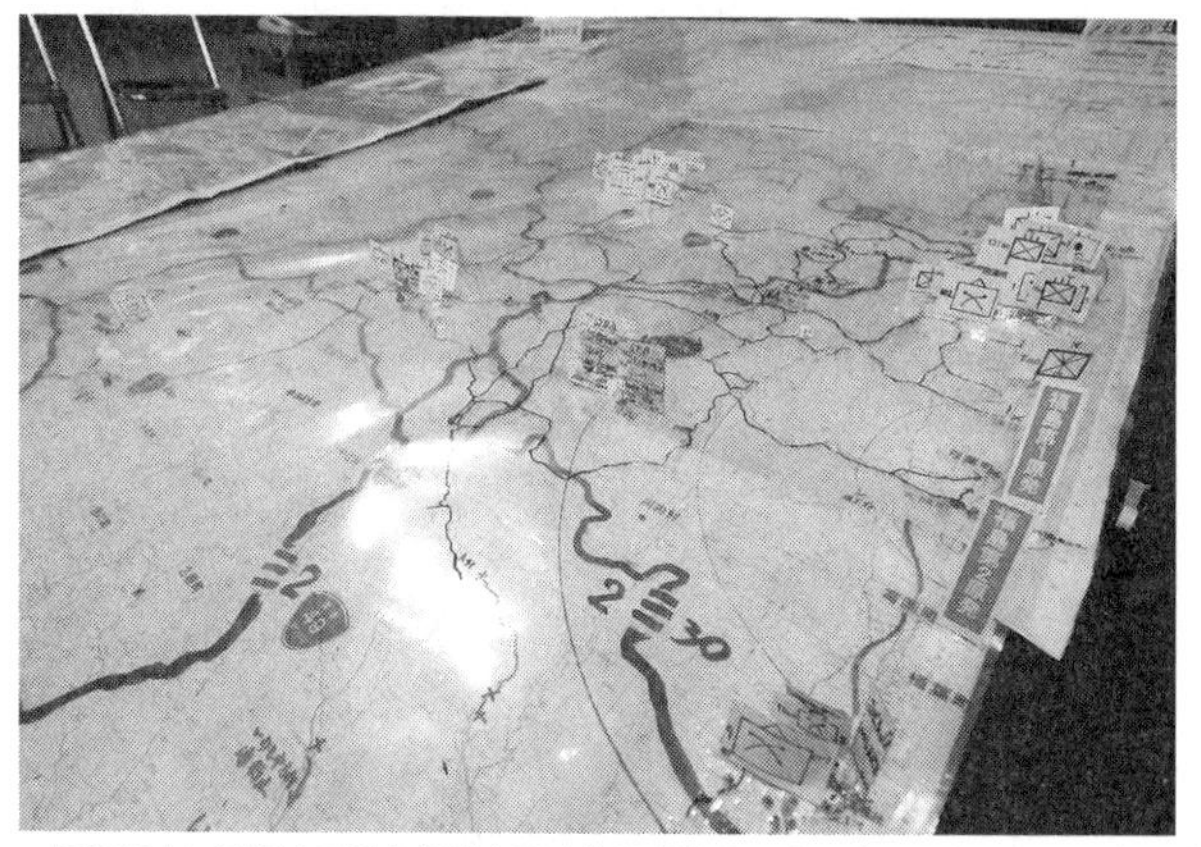

福島県内に展開する陸自部隊を示す旗印が地図の上に立てられている。福島第1原発の20キロ圏内に部隊が入れていない様子がよく分かる

ＥＯＤにより、流出した家屋や車、船舶の捜索を行なっていきました。ただこうした物の真下に潜って捜索するというものは２次被害の恐れもありますので出来ませんので、その周辺を確認するということを行ないます。発災当初は海面を漂う無数の瓦礫や魚網の切れ端などが護衛艦のスクリューに絡まってしまったということがありまして、ＥＯＤが潜って解くという作業も行なったと聞いております」

「初めてご遺体を見た時はショックでした。時間が経ったご遺体は白骨化していたり、片腕がなくなっていたりと損傷が激しい。洋上でのご遺体はほとんどうつ伏せ状態で見つかります。背中にガスがたまるのが原因だそうです。海水を吸って重くなっているので、１名では持ち上がりませんので、数名で収容します。５月初旬頃から発見されたご遺体は状態が酷く、持ち上げると、骨と肉が離れてしまいました。そこで、収容はあきらめ、ご遺体をシートにくるみ、ボートの脇にぶら下げて陸地へと運び、警察に引き渡していきました」

●原子力災害対処

そして日本列島に深い爪あとを残すこととなったのが福島第１原子力発電所の事故だ。防衛省は東日本大震災における災害派遣とは別に原子力災害派遣を行なうこととなった。

半径20キロ圏内に位置する街はすべて立入禁止となった。このエリアに立ち入ろうものならば、たとえ住民であろうとも罰則が適用される。家に帰りたくとも帰れない人がこの日本に存在してしまった。そして住民らは後にしてきた自分たちの故郷を〝見捨てられた街〟と悔しさと諦めをこめてそう呼んだ。

これはJTF－THとは別枠での任務となった。3月17日、防衛大臣の命令により、原子力災派部隊が編成された。中央即応集団司令官をトップとして、陸海空部隊で構成されたもうひとつの統合部隊だった。任務は、原子炉を冷却し続けること。被曝する危険もある中、隊員たちは決死の覚悟で任務を遂行した。

原発事故による警戒区域内でも地震と津波により多くの行方不明が発生していた。しかしながら危険であるとの判断から、自衛隊も警察もなかなか本格的な捜索活動を行なえないでいたのだ。

発災から1か月を経た4月に入ると、ようやく警察による本格的な捜索活動が開始され、5月には、自衛隊も捜索活動を開始した。

主として原発周辺での捜索活動を行なっていたのは第6師団や第12旅団、そして中央即応集団である。前述した第44普通科連隊も石巻での活動を終えると、引き続きこ

郡山駐屯地へ展開してきた第12旅団。だが場所がないため、写真のように廊下に机を並べて作業をしていた

ちらでの活動を行なった。

拠点となったのは同じ福島県内にある郡山駐屯地や福島駐屯地であった。その他に南相馬市にある競輪場外車券売り場「サテライトかしま」や馬事公苑、双葉郡楢葉町のJビレッジ、いわき市海浜自然の家なども使用された。

第12旅団は司令部を相馬が原駐屯地（群馬県）に置いている。だが、派遣が決まると、なんと司令部ごと郡山駐屯地に展開してきた。

第6特科連隊と第6高射大隊が主として駐留している小さな駐屯地であるため、第12旅団など派遣されてきた他部隊で、混雑した。災害派遣と掲げた自衛隊車両で溢れかえり、駐車場はどこも満杯となった。収

道場を宿営地とした第12旅団の各部隊。けっして居住性が良いわけではないが、「毎日疲れて帰るので、すぐ寝てしまう。住めば都です」と隊員は笑う

まりきらない車両は駐屯地内の道路際に〝路上駐車〟を余儀なくされた。この混雑ぶりは隊舎内も同様であった。場所がないので、第12旅団司令部の幕僚や隊員らは室内ではなく、廊下に机を並べ、仕事をしていたほどだった。

中央即応集団隷下部隊である第1空挺団は、第12旅団の隷下部隊となり、「サテライトかしま」の駐車場にテントを張り、ここを活動拠点として毎日南相馬市から20キロ圏内へと〝通った〟。

南相馬市は町の南側が警戒区域内となってしまった。目には見えぬ線で街が分断されてしまった。海側を歩けば鉄塔が軒並み倒れ、海岸線から2キロは離れているであろう内陸部にまで流されてきたテトラポッ

20キロ圏内の捜索を終えると、放射線量を測るスクリーニングを行なう。核や放射能の知識がある中央特殊武器防護隊の隊員が対応する

ドが無造作に転がっているなど、津波の被害は大きかった。

各駐屯地を出発した部隊は、南相馬市内のいくつかのポイントで一旦車を停め、簡易の白いタイベック防護服に着替える。迷彩服の上からビニール地のタイベックに袖を通し、顔にはマスクとゴーグルを装着。ゴム手袋は2重にする。こうして物々しい姿に着替えている隊員の後ろを主婦が子供を乗せた自転車で通りすぎる。南相馬市は日常と非日常が交差する異様な町となってしまった。

準備が終わると、部隊は国道6号線を南下。警察の検問所が現れた。ここから先が警戒区域となり、一般人は立入禁止となっている。私の取材もここまで。彼らの無事を祈ることしかできない。

捜索現場に到着した各部隊は、概ね10時頃から捜索活動を開始していく。住民がいなくなった無人の街には音がまったくしないという。「たまに物音がするなと思ったら、突然家畜だったブタが飛び出してきて、びっくりしました」と話す。「牛が道路を歩いていたりと、何とも不思議な光景が広がっている」状況だそうだ。冠水している箇所も多く、ゴムボートでなければ行くことの出来ない場所もあり、捜索作業は難航した。

15時で捜索は終了となる。再び駐屯地へと戻るのだが、その前にやらなければならないことがある。それは放射線量を測るスクリーニングだ。南相馬市内の馬事公苑には中央特殊武器防護隊が検知・除染所を開設しており、ここで放射線量を測る。隊員全員を計測するわけではなく、何人か抽出し検知していく。もし数値が大きかった場合は、すぐに水で洗い流すことになる。

●〝激務〟の広報マンたち

東日本大震災では、自衛隊の活動が報じられることが多かった。実際に10万人もの隊員が展開しているわけであるから、注目されるのは当然だ。

それ以外の要因として、ＪＴＦは早くから広報室を立ち上げ、自衛隊の活動を毎日報道機関にリリースしていた。テレビや新聞で、警察や消防よりも自衛隊の露出が多いのは、こうした努力の賜物であると言っていいだろう。ＪＴＦ広報室を立ち上げた際、日本中の広報担当者や元広報担当者が集められた。

ＪＴＦ広報室長を務められた吉田純真1等陸佐にお話をうかがった。

「私はもともと東北方面総監部広報室に勤務していました。人員は10名ていどの部署でしたが、ＪＴＦ立ち上げとともに、各部隊の広報担当者などが集まり、最大29名にもなりました。この中には陸上自衛隊だけではなく、海自や空自の広報担当者もふくまれます。その他に、内局や統合幕僚監部、陸幕の連絡幹部などもおりました。宮城県や福島県の県庁に1名ずつ連絡幹部を送りました。県庁での仕事は情報収集及びプレスリリースを県政記者クラブに流すことです。自衛隊はよく〝厳しい任務〟といわれますが、今回は〝激しい任務〟でしたね。〝激務〟という言葉の意味について、身を持って体験しました」

「3月17日から毎朝7時に報道向けのブリーフィングを行ないました。土日関係なく毎日必ず行ないました。ブリーフィングの目的は、自衛隊の活動を報道各社にお伝えし、それが紙面などに載ることで、被災者の方々に安心してもらおうというものでした。もともとは記者クラブへのピンナップだけだったのですが、それだけでは情報が少ないので、すべての情報を包み隠さず出していこうと考えたのです。「あそこ（Ｊ

遠野市内に展開した第9後方支援連隊等のテント。東北各地のほとんどの広い場所では、このように自衛隊や消防、警察がテントを広げて拠点としていた

ＴＦ広報室）へ行けば自衛隊の行動がすべて分かる」と認識していただくため、記者の数が少なくともブリーフィングは必ず行ないました」

また、自衛隊の広報にはカメラを片手に現場を走り回る広報陸曹がいる。迷彩服を着たカメラマンたちのファインダーは、泥にまみれて捜索活動を続ける自衛官の姿を捉え続けた。彼らが撮影した写真は、部隊の記録用としてだけでなく、メディアにも提供された。

福島駐屯地広報業務室の桑原龍央2等陸曹は、第44普通科連隊とともに行動し、現場の生々しい状況を伝え続けた。

「3月11日の午前中は、駐屯地で調理の腕を競う『炊事競技会』が行なわれていました。撮影を終え、お昼ご飯を食べた後、午後は写真を選んでいました。その時、緊急地震速報の警告音が広報室内に鳴り響きました。みんながざわついた直後、大きな揺れが起き、あわてて外に出ました。私もカメラだけもって外に飛び出しました」

「災害派遣要請がかかると、駐屯地を出発する部隊を撮影しました。私自身は、13日のAM2時に駐屯地を出発し石巻を目指しました。電気がついていない東北道は本当に真っ暗で、道路もデコボコに波打ってました。唯一の灯が、遠くに見えるコンビナート火災の炎でしたね。そしてAM5時に石巻市に到着すると、早速記録係として撮影を開始しました。そんな時、被災者の方が突然私に〝こっちにも助けに来て下さい〟と泣きついてきたんです。言葉が出ませんでした。私にはどうすることもできなかったのがつらかったです」

「そして女川町に移動しました。カラスの鳴き声とトタンが風で揺れる音しか聞こえない中、被災者の方々はみんなボロボロの格好でさまよっていました。靴を履いていない人も結構いました。この悲惨な状況に、私は腰が引けてしまい、撮影することができませんでした。また最初の頃はご遺体を撮影する勇気もありませんでした。撮影する時は遺体が写らないように工夫しましたが、ご遺体のあまりの多さにそうも言ってられなくなりました。一番ショックだったのは、6人乗ったワゴン車が津波に流され、そのままの状態で全員亡くなっていたんです。リアガラスの方から隊員が入って行き、泥だらけのご遺体を運び出していきました。さぞや苦しんで亡くなられたのだろうと胸が張り裂けそうでしたが、みんなまるで眠っているかのように穏やかな顔でした。自衛官と言えど、ほとんどの隊員が、遺体を見たこともなく、ショックを隠しきれていない状態でした。ナイーブになっているのか、みんな撮られたくないといった雰囲気を醸し出していました。本当は『お前何撮っているんだ』と文句を言いたいようでしたが、敢えて黙っているという感じでしたね。だからこそ私は自分だから撮れる写真を撮ろうと決意しました。部隊の歴史としてしっかり残そうと決めてから上司に『僕は福島に帰りたくないです。このまま撮影をさせてください』とお願いしました。30日間休みなく被災地を走り回りました。撮影枚数は1万枚を軽く超えました」

●隊員たちの声

そして最後に被災地で活動した隊員たちの生の声を書き記していきたい。

「福島第1原発から半径20キロ圏内での捜索活動を実施しました。最初に現場を見た時は想像を絶する状態でショックを受けました。現場では迷彩服の上に防護服を着て、

石巻市内で入浴支援を行なっていた海自・横須賀警備隊。そのテント内に、入浴に来た子供が描いた自衛隊のマスコットキャラクターが掲げられていた

さらに胴長まで履いて川の中を捜索します。隊員たちで横1列になって捜索ラインを作り、見えない川の中を探りながら進みますので100メートル移動するのも1時間ぐらいかかります。放射能については気にしないようにしています。正確に言うならば考えないようにしていると言うべきかも知れません」（第12偵察隊・小林諒陸士長）

「もし地震だけで津波が来なかったらこのように街がなくなるなんてことはなかったのではないかと捜索している時に常に思っていました。悲しかった。何より残念という思いです。どこを探したらいいのか検討もつかない状態でしたが20人ぐらいのご遺体を見つけました」（第44普通科連隊・青木喜男陸士長）

「私たちの部隊は3月28日より石巻市に来て、入浴支援を行なっております。最初の

頃はまだみなさん暗い顔をしていましたね。それが日に日に明るい顔になっていったんです。気がつけば、私の方がみなさんから元気をもらうような形になりました」（横須賀警備隊・丸田剛3等海曹）

「3月11日夕方に『くらま』とともに長崎県を出発しました。翌12日から早速太平洋岸での上空偵察、そして離島への物資輸送を実施しました。テレビで見ていた状況よりもはるかに酷い状況でありました。まずは出来る任務を一つずつ行なおうと気を引き締めました。一番ショックだったのは松島基地を上空から見たときでした。戦闘機がひっくり返り、ほとんどの場所が水没していました。私は大学時代の4年間を仙台で過ごしました。とても美しい街でした。東北は必ず復興できると思っています。われわれは長い支援を実施して行きたいと考えております。みなさんがんばって下さい」（第22航空隊・上田哲也1等海尉）

まだまだ多くの自衛官から話を聞かせてもらったし、私もここで記した以外の被災地も回った。だが、このへんで筆を収めたい——。

第9章　これまでの教訓が生きた災害派遣

●巨大地震が熊本を襲う

東日本大震災から5年目となる節目を迎えた2016年。この年の3月は、テレビや新聞は、改めてあの災害を大きく取り上げた。人々は亡くなった方々に思いを馳せるとともに、日本人の〝絆〟を再確認した。

その直後だった。

2016年4月14日21時26分――。熊本県内を震源とする震度7、マグニチュード6・5の大地震が発生した。

東京でも足元を突き上げるかのような激しい振動を感じた。TVをつけると、九州地方一帯を大きな揺れが襲ったことを伝えていた。後に熊本地震と命名される大地震が発生した瞬間だった。

徐々に現場からの映像が飛び込んでくる。だが被害の全容を知るにはまだ時間が必要だった。一夜明けると、県内各所にて建物が倒壊し、多数の被害が発生していることを伝えていた。衝撃的だったのが、熊本城の土台が崩壊寸前の映像だった。

防衛省は、「自主派遣」の一つとして認められている情報収集を早々に実施した。発災からわずか21分後となる21時47分、築城基地からF－2が飛び立ったことは大き

熊本市内を走行する第3偵察隊の軽装甲機動車。この部隊は千僧駐屯地(兵庫県伊丹市)からやってきた。日本中の部隊が熊本に集結した

く報道された。これも常にアラート待機をしていたからこその迅速さだ。それでも、通常のスクランブルよりも時間がかかっているのは、滑走路の状態を確認する作業が行なわれたのであろう。

22時02分、映像伝送装置を搭載した西部方面航空隊の2機のUH－1J及び第8飛行隊の2機のUH－60JAが離陸。22時03分、第22航空群のSH－60Jが情報収集のため離陸。06分に同基地から2機目が離陸。そして22時10分、防衛省災害対策本部が設置された。発災から44分後という素早さだ。

熊本県知事は、第8師団長（北熊本駐屯地）に対し、人命救助に係る災害派遣を要請した。ここから陸自部隊が主となり、警察や消防と協力し、行方不明者の捜索、倒

壊家屋からの救助、生活支援を開始した。

当然ながらテレビや新聞は、発災から熊本地震報道一色になった。しかし、日が経つにつれ、どちらかと言うと、「もう地震は終わった。後は復興をどうするか」といったニュアンスとなった。広域にわたる被害は出ているし、残念ながら死者も出た。しかし、われわれ日本人が地震になれてしまっているということなのだろうか……。誰もが根拠もなく「もう熊本は大丈夫」と考え始めていた。

余震は続いた。ひどい時には数分おきに震度4や5といった大きな揺れはあったが、発災から1日、2日と経過し、被災者の方々はプライバシーが保たれぬ混雑した避難所や公園、駐車場など屋外での生活に辟易し始めていた。腹立たしいことに火事場泥棒も横行した。そこで、地震の影響で家が傾いていようが、自宅へと帰った被災者が多かった。

そこへ再び地震が熊本県を襲った。

4月16日午前1時25分ごろ、前回を上回るマグニチュード7・3の地震が発生した。後にこちらが本震であると認定された。

前回の地震で持ちこたえた地盤や家々も、とどめを刺された感じで、次々と崩れていった。人的被害は前回よりも多くなってしまった。

後に本震と認定された2度目の大きな地震は、多くの被害を及ぼした。市内でも写真のように灯篭が倒れたり、道路が陥没した

自然はなんと残酷なのか――。

同日午前2時36分、今度は大分県知事も西部方面特科隊長に対し、人命救助に係る災害派遣を要請した。大分県の被害も甚大だった。

同日午前5時、防衛省は遂に統合任務部隊・ＪＴＦ（Joint Task Force）を立ち上げた。正式な部隊名は「ＪＴＦ－鎮西」と命名された。

ＪＴＦ司令官ならびに陸災部隊指揮官を西部方面総監・小川清史陸将が務めた。海災部隊指揮官は佐世保地方総監・山下万喜海将が務めた。空災部隊指揮官は航空総隊司令官・福江広明空将が務めた。災害派遣としてＪＴＦが立ち上がったのは、東日本大震災、フィリピン高潮被害、伊豆大島大雨被害に次ぐ4例目、国内における災害派遣では3例目となった。
このたびの国難に、オール自衛隊で戦い挑むことを決めたのだ。

●九州へ向かうも

私は、最初の地震の後、九州にいる知り合いの新聞記者と頻繁に連絡を取った。すると、「大きな余震が続き、その都度混乱はしてしまうが、市民は至って冷静。熊本人の強さを見せつけられている」という報告だった。

そこで、今回の取材は見送ろうと決めた。しかし、2回目の地震の後に、取材に行くことを決めた。

熊本空港は閉鎖されていた。そこで、ひとまず九州の玄関口である福岡空港へ向かうことを決めた。

4月18日夕方、東京から福岡へ到着。レンタカーを借りて、熊本入りを目指すことに。しかし時間も遅く、無理して18日中に状況も分からない熊本県に入るのは危険と判断し、この日の夜は佐賀県に宿泊することにした。被災地にある宿泊施設はほとんど営業していない。営業可能と判断した宿泊施設についても、自治体や警察、消防が借り上げていたため、一般人は宿泊できない状況だった。

翌19日朝、佐賀県を出発。2時間もあれば熊本県に到着しているだろうと踏んでいたのだが、この考えは甘かった……。高速道路も途中で寸断されているため、早速大渋滞に巻き込まれてしまった。

●フロム・ザ・シー戦術

今回の地震で、救援・救助を妨げることになったのが交通渋滞だ。被害の大きかった南阿蘇村などでは、道路が地割れで寸断していたこともあり、一般車の通行が制限されていた箇所もあった。だが熊本市内などは、救援物資を運ぶ車、熊本を脱出しようとする車、また家族の安否確認や生活用品を運ぶ県外から来た車などが行き交い、大渋滞を巻き起こしていた。東日本大震災のときは、完全に道路が水没していたり寸断されていたりなどしたため、車は走れなかった。今回市内の道路は、ほぼ通常通り使える状態だったので、車が集中してしまった。1キロ進むのに30分かかる場所が多かった。消防車がサイレンを鳴らしていても、車が詰まっているため、道を譲ることも出来ず、立ち往生している姿を至る所で見かけた。

こんな状況だからこそ、海自の〝フロム・ザ・シー〟戦術は生きた。これは艦艇を使い、海から救助の手を差し伸べるという、海自ならではの方法だ。

八代港に入港した輸送艦「おおすみ」から、水の入ったタンクが降ろされていく。同港は海自の拠点としてしばらく使われた

輸送艦「おおすみ」で運ばれた救援物資は、海自佐世保総監部のトラックに積み替えられ、各避難所へと運ばれていった

4月16日、呉基地（広島県）を母港とする輸送艦「おおすみ」と「しもきた」が、救援物資を積載し出港した。この2隻は、九州の手前で二手に分かれた。「おおすみ」は熊本県を、「しもきた」は大分県を目指した。

さらに洋上における拠点となるべく、ヘリコプター搭載型護衛艦「ひゅうが」も16日に滞在先だった横須賀基地（神奈川県）を出港。一路熊本沖を目指した。

熊本県での海自拠点となったのが八代港だった。海自艦艇はひとまず八代港を目指した。

翌17日15時頃、「おおすみ」は八代港へと入港した。当初の予定では、入港後すぐさま救援物資を降ろし、佐世保基地から来た海自トラックに積んで各避難所へ運ぶ予定であった。しかし、佐世保基地の車両群は、大渋滞に巻き込まれ、「おおすみ」の入港に間に合わなかった。佐世保から八代までなんと6時間以上もかかったそうだ。結局「おおすみ」がしばらく待機することとなった。致し方ないとはいえ、今後はこうした渋滞対策も考えていかねばなるまい。

●日米共同作戦

毎朝、「おおすみ」から救援物資を降ろし、それらを積載した車両が、避難所を回ると聞いていたので、その活動を取材する予定だった。しかし、大渋滞で、その出発には間に合わなかった。

しかし、19日昼、洋上拠点である「ひゅうが」に行けることになった。「ひゅうが」は2009年3月18日に就役したヘリ運用能力を格段に向上させた画期的な護衛艦だ。2011年3月16日には、同型艦「いせ」も就役。この2隻を「ひゅうが」型とまとめて呼ぶ。なお、「いせ」は、日本が東日本大震災の混乱にある中、就役している。当時の「いせ」幹部は、「乗組員たちの錬成訓練を急ぐなど一刻も早い戦力化を目指していました。そしていつ東北へと災害派遣命令が下っても対応できるようにしていた。〝われわれはいつ派遣されるんですか？〟と艦内では士気も高く、それゆえになかなか被災地で活動できない歯がゆさも感じていました」と話していた。

陸海空自衛隊はヘリを主とした〝熊本大空輸〟を展開していた。交通渋滞関係なく、直接ヘリで避難所または、その近傍の開けた場所まで救援物資を運んでいけるからだ。この活動に米海兵隊のMV－22Bオスプレイも参加した。

熊本地震が発生したとき、沖縄に駐留する第3海兵遠征軍は、フィリピンで米比合同演習「バリカタン」を行なっていた。しかし、日本の危機に対処するため、訓練に参加していた8機のオスプレイは、日本へと戻ってきた。

護衛艦「ひゅうが」へと着艦した米海兵隊のMV-22Bオスプレイ。乗員らの手により、救援物資をオスプレイへと積んでいく

19日午前12時45分。拠点としていた岩国基地を離陸し、13時半頃に「ひゅうが」へとやってきた。最後部にある5番スポットに降りる。すると、海自隊員がオスプレイへと駆け寄る。ローターを回したまま、海自乗員らが〝バケツリレー〟の要領で、救援物資を後部ハッチから積載していった。その様子を日米の指揮官である第3護衛隊群司令・眞鍋浩司海将補と第31海兵遠征隊ロミン・ダシマルチ大佐が見守る。

積み終わり、燃料補給を受けると、最初のオスプレイは「ひゅうが」を飛び立った。続いて次のオスプレイがやってきた。甲板は慌ただしさの中にあった。

「ひゅうが」を飛び立ったオスプレイは、約70キロ離れた白水運動公園へと向かった。

「ひゅうが」甲板に積み上げられた救援物資。缶詰、パック飯、トイレットペーパーなどが多かった。交通渋滞を避けるため、これらはすべてヘリやオスプレイで運んだ

20分もかからずに到着したそうだ。そして待ち構えていた陸自車両等に救援物資を積み、避難所を回った。大渋滞している中、陸路では市内から白水運動公園まで2時間はかかってしまうことを考えると、「ひゅうが」とオスプレイの連係は極めて有効であったと言える。

しかし、報道では、オスプレイ派遣が否定的に取り上げられた。「無理やりの実績づくり」「他にもヘリがあるのに敢えてオスプレイを使うなど狡猾」といった論調だった。非常に残念だ。支援を行なったのは米海兵隊だけではなく、米陸海空軍もヘリや輸送機を使った輸送任務を行なっており、それは事実誤認だ。

世界の軍隊では、軍事力を活用し大規

博多港へと入港した護衛艦「いずも」。北海道から九州まで、陸自車両と人員を運ぶという輸送艦としての任務を遂行した。「いずも」としては初の災害派遣だった

模災害に立ち向かう戦術を「ＨＡ／ＤＲ」というコードネームで呼ぶ。これはHumanitarian Assistance/Disaster Reliefのそれぞれの頭文字をとったもので、日本語に直訳すると「人道支援活動／災害復興活動」となる。

ほとんどの国で、国内で災害が発生すれば、軍隊を用いての人員輸送や救援物資輸送を行なっていた。それに加え、最近では、「ＨＡ／ＤＲ」を、多国間で行なっていこうという流れにある。より効率よく協力しあえるようにしっかりと国際的な取り組みとし、多国間軍事演習として行なわれるようになった。

日本も参加している取り組みが、ＡＳＥＡＮ諸国における『ＡＤＭＭ（ASEAN

Defense Minister's Meeting）プラスＨＡ／ＤＲ・ＭＭ実動演習』だ。会合に加え、実動演習も実施している。

2年に1度、オアフ島およびハワイ周辺海域で実施している環太平洋合同演習「リムパック」という演習がある。海自は、１９８０年から参加している。演習内容は、対空・対水上・対潜訓練といった軍事演習が主だが、２０１２年から、ＨＡ／ＤＲ訓練を行なうようになった。すると、東日本大震災の経験とノウハウを得たいと、各国は日本に指導を求めるようになる。

２０１４年に行なわれた『リムパック14』の中の「ＨＡ／ＤＲ」訓練では、多国間ＨＡ／ＤＲ部隊指揮官を第2護衛隊群司令・中畑康樹海将補が務めた。災害対処訓練とはいえ、多国間軍事演習の指揮を日本が執るのは珍しいことだ。

こうした積み重ねがあり、日米は共同しての災害派遣活動が迅速に行なえるようになっている。多国間でのオペレーションも可能だ。

●多種多様な艦艇を活用

八代港において、救援物資の〝倉庫〟となった「おおすみ」。

輸送艦と呼ばれる艦種で、任務は人員や装備・資機材を運搬することにある。「お

輸送艦「おおすみ」艦内に積み込まれた救援物資。呉で積載した分だけでなく、毎日ヘリで追加の救援物資も運ばれてきた

おすみ」「しもきた」「くにさき」と3隻が建造され、これらを「おおすみ」型とまとめて呼ぶ。

当初は、母港の呉基地で積み込んだ救援物資を降ろしていたが、それも尽きてくると、MH－53Eなどのヘリを用いて、連日「おおすみ」へと救援物資が運ばれてきた。毎朝8時に、それら救援物資を岸壁にてトラックへと積載し、各避難所へ配っていく。これが1日のサイクルだった。

いつニーズがあってもすぐに対応できるように、艦内ドック内には入浴施設も開設された。これも東日本大震災での経験から実施した。

同港には、佐世保地方隊の多用途支援艦「あまくさ」も展開していた。「おおすみ」

より先に救援物資の運搬を行なったとともに、岸壁で作業をする海自隊員の休憩場所ともなった。

また岸壁には、民間フェリー「はくおう」も入港していた。このフェリーは、防衛省がＰＦＩ方式で借りている。あくまで民間が事業主体であるが、その資産やノウハウを国が借りるという仕組みだ。「はくおう」は、そのまま避難所として使われた。もともとフェリーであるため、宿泊区画や風呂、食堂といったスペースがある。そのまま避難所として使うことが出来た。

防衛省では、訓練の際、遠く離れた演習場まで人員や車両を運ぶ手段として「はくおう」を借りていた。有事でなければ、戦闘を考える必要もないため、民間フェリーのチャーターで充分だ。これをこのように災害派遣に使用したのは、熊本地震が初めてである。このときの成功があったので、２０１８年９月６日に発生した「北海道胆振東部地震」の際も、「はくおう」は避難所として使われた。

●東日本大震災の恩返し

県内各所で被害が確認されたが、中でも自衛隊のみならず、警察や消防による捜索が連日行なわれていたのが南阿蘇村だ。ここでは土砂崩れにより、多数の行方不明者が出てしまった。

捜索現場はただでさえ足場が悪いことに加え、連日大雨に見舞われた。21日には、避難勧告が出されるほどの大雨となり、捜索を中断せざるを得なかった。

陸自は今回も全国から部隊が集結した。最北部隊の第２師団をはじめとした北部方面隊から、東北方面隊、東部方面隊、中部方面隊の各部隊、そして需品学校といった教育部隊までが熊本県や大分県に集まってきた。

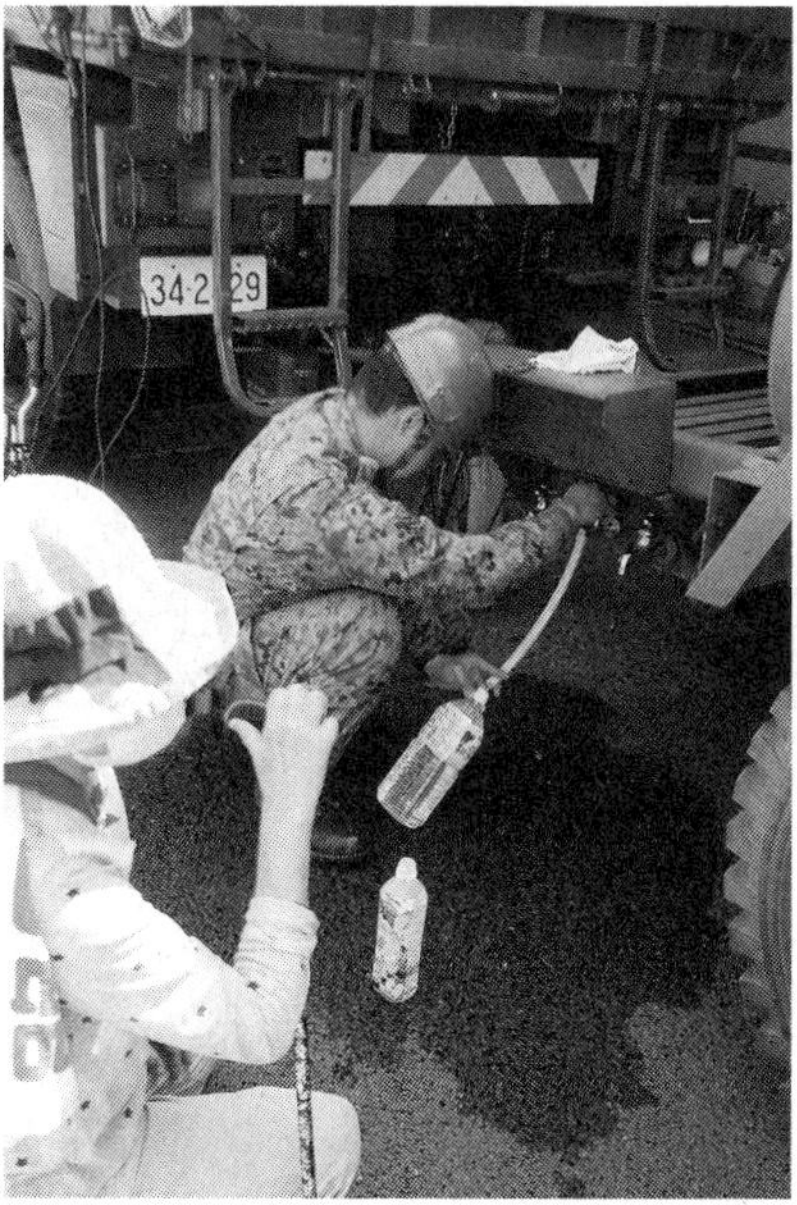

私は南阿蘇村を取材中、東北から駆け付けた第６師団と出会った。陸路をひたすら車両で九州まで駆けつけてきたそうだ。この部隊は東日本大震災で深刻な被害を受けた宮城、福

避難所での給水支援。カラのペットボトルやタンクを持参し、水を入れてもらっていた。生活支援は捜索活動が終了した後もしばらく続いた

南阿蘇村で入浴支援を行なっていた第6後方支援連隊の遠藤士長。東日本大震災で被災し、誰かの役に立ちたいと自衛隊に入隊した

島を警備担当区としている。「あの国難と戦い抜いたことで得た教訓とノウハウをわれわれは持ってます。なによりも恩返しをするためにここに来ました」と、福島県出身だという年配の隊員はそう話す。

第6師団の各部隊は捜索から生活支援まで幅広い活動を行なっていた。その一つが、第6後方支援連隊が村内の小学校で行なった入浴支援だった。

入り口には『山形・花笠の湯』と暖簾がかけられていた。お湯の温度を計り、浴場を整頓し、間もなく開場するというところを取材した。

入浴に訪れた中学生と談笑する衛生隊員の遠藤由子陸士長の姿があった。「私は、宮城県多賀城市に住んでました。東日本大震災の時は中学生でした。川を遡上した津波が家に浸水したため、避難所暮らしを余儀なくされました。自転車のかごにカラのポリバケツを積んで自衛隊の給水所まで行って水をもらう毎日でした。避難所の混乱、真っ暗な瓦礫と化した街の中で心細い思いも経験した私だからこそ、「誰かの役に立てるかもしれない」と決意し、自衛隊に入隊しました」と話した。そして今、困難に立ち向かっている方々に、今度は支援の手を差し伸べる側として、彼女はここにいた。

●海自最大の護衛艦も投入

海上自衛隊最大級の護衛艦「いずも」型がある。「いずも」「かが」と2隻が建造されている。八代港沖で洋上拠点となった「ひゅうが」の拡大改良型と言える。1番艦「いずも」は、2015年3月25日に就役した。2番艦「かが」は、2017年3月22日に就役した。そこで最初に建造された「いずも」の名前を取り、「いずも」型と呼ぶ。

先に建造された「ひゅうが」型と「いずも」型に共通しているのが、全通甲板という船体構造だ。一般的に〝空母型〟とも言われている。

ただし、防衛省は、「空母は固定翼機を運用するという定義があるため、回転翼機しか運用を考えていない『ひゅうが』型と『いずも』型は空母とは呼べない」と、ひたすら〝空母〟という報道を否定してきた。憲法上、日本は攻撃型空母を保有できないからだ。

しかしながら、2018年冬、防衛省は突如として短距離離発艦・垂直着陸が可能な戦闘機F－35Bを購入すると公表し話題となった。同年11月27日に防衛省で行なわれた記者会見で、岩屋毅防衛大臣は、「いずも」型護衛艦の改修を軸に検討していることを明らかにした。いよいよ空母化の話が現実化してきた。

新「防衛大綱」に関するワーキングチームは、12月5日に、改修後の「いずも」型について、「多用途運用護衛艦」と呼ぶことで一致した。戦後長らく封印されていた「空母」の復活とはならなかった。どうやら、結論から言って海上自衛隊は「〝空母〟は保有しない」ものの「事実上の空母は保有する」という形となるようだ。

しかしながら多用途運用というのは、空母と言いたくないがゆえのただの言い訳ではない。というのも、「いずも」型には、艦内に車両を搭載するスペースがある。これは「ひゅうが」型にはない特徴だ。輸送艦としても使えるし、航空機の運用も出来る、ということで〝多用途〟であるとの主張だ。

事実、熊本地震で、「いずも」は輸送艦として活躍した。

4月16日に、「いずも」は母港である横須賀を出港した。一旦横浜に入港し、そのまま北上。19日に北海道・小樽へと入港した。ここで、北部方面隊の160名の人員と車両40両を搭載した。積み終わるとすぐに日本海を南下し、21日16時半ごろ博多港箱崎ふ頭へと入港した。「いずも」が災害派遣に投入されたのは今回が初めてのことであった。

就役したばかりで、車両揚げ降ろしのノウハウがなかったため、「くにさき」の乗員が乗り込んでアシストした。

博多港に横たわる「いずも」はさすがに巨大だった。全長は２４８メートルもある。東京都庁（第１庁舎）の高さが２４３メートルであり、あれだけの建造物が横になっているものとイメージしていただきたい。

さすがにこの「いずも」の博多入港は大きな話題となり、多くの報道陣が詰めかけていた。小雨がぱらつく中の入港作業となった。支援を行なったのは、福岡地方協力本部である。「福岡県は九州の要所であるとともに、大きな港や空港があり、何より自衛隊の基地や駐屯地が12個もある日本では珍しい都市です。各種支援体制を考えると最適な場所でした」と、同本部長である松永康則１等陸佐は語った。

到着した陸自部隊は、日付をまたいだ深夜２時から車両を降ろしていき、朝８時に熊本県へ向け出発していった。

●統合運用化した災害派遣の成功

東日本大震災において、陸海空自衛隊は初めて本格的なＪＴＦとして活動した。今回は、国内において3回目のＪＴＦが立ち上がったわけであるが、これまでの経験は見事に生かされていた。

初動対処部隊として、陸災部隊１３０００名、海災部隊約１０００名、空災部隊約１０００名がすぐに活動を行なった。随時増強されていき、最終的に計約２６０００人規模の人員を投入した。のべ航空機１０８機、艦艇12隻も派遣された。これに米軍も加わった。

4月28日に大分県知事から災害派遣撤収要請が出された。5月10日には「平成28年熊本地震に対する大規模震災災害派遣の終結等に関する自衛隊行動命令」が発令され、これにともない、ＪＴＦ－鎮西は解散した。

しかし熊本県での生活支援は継続して行なわれることとなり、西部方面隊のみはそのまま活動を継続した。日本中から集まった各部隊も、5月中旬にはそれぞれの拠点へと引き返していった。5月30日、熊本県知事から災害派遣撤収要請が出され、この日をもって、熊本地震におけるすべての自衛隊の活動が終了した。

第10章　人を救う自衛隊となるために

●自助と公助

こうして平成という一つの時代を通して、自衛隊の災害派遣は大きく成長していった。いつか必ずやって来るであろう南海トラフ地震や首都直下型地震にどう立ち向かうか、国や自衛隊、そして各自治体は対策を迫られている。また、火山列島である日本では、いつ火山噴火災害が発生するか予測がつかない。ゲリラ豪雨による土砂崩れや地盤沈下といった局地的に大きな被害を及ぼす水害等も懸念されている。

国は、法律を整理し、自衛隊が動きやすい環境を作った。防衛省も、出来ることと出来ないことを明確にして、自衛隊の災害への対処能力向上を図ってきた。出来ないことについては、なぜ出来ないのか、問題を提起し、国や自治体と協議してきた。資機材が足りなければ、予算化し配備するなど、前向きに災害派遣に取り組んでいる。大規模災害については、陸海空自衛隊の垣根を取り払い、防衛省自衛隊として統合運用されるようにもなった。

自治体が実施する防災訓練にも積極的に参加している。連絡を密にするため、退職した自衛官を防災・危機管理担当として再雇用する動きがある。平成30年度防衛白書によると、現在432名の元自衛官が、都道府県ならびに市区町村に勤務している

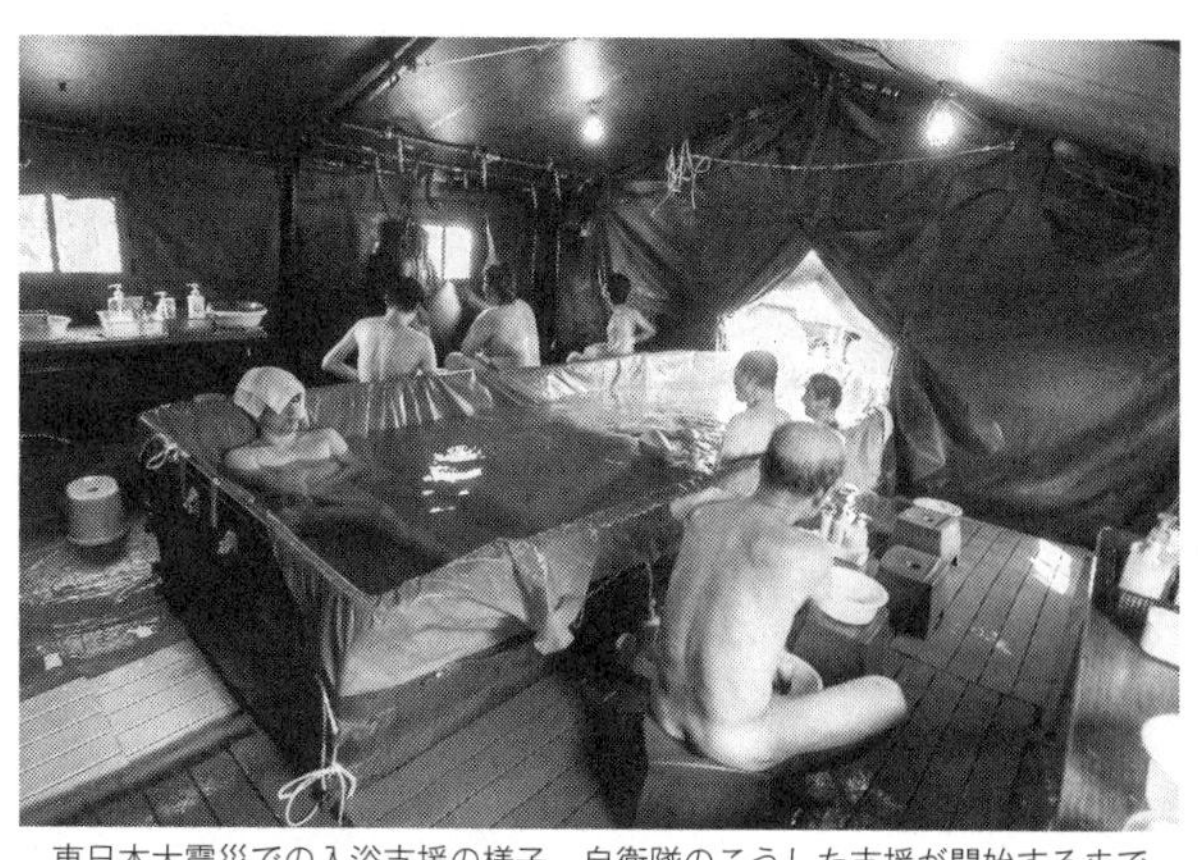

東日本大震災での入浴支援の様子。自衛隊のこうした支援が開始するまでは、自分たちだけでなんとかしなくてはならない

（非常勤含む）。平時は主に防災アドバイザーとして働き、災害発生時は、自衛隊と自治体との懸け橋となる。

またわれわれ国民の側も、いくつも大規模災害を経験し、災害に立ち向かうためには、受け身であってはならないことを学んできた。災害が発生したとき、自分や家族の身の安全を守れるのは自分たちだけだ。まずは生き延びること。そして最低限の水や食料を備蓄しておくといった自助努力を怠ってはならない。国や自治体は、「3日間生き抜くための水・食料、医薬品、生活用品は備蓄しておいてほしい」と呼び掛けている。それ以上となれば、必ず自衛隊が助けてくれる。食事、お風呂といった生活支援をこれまでいくつもの災害派遣で実施

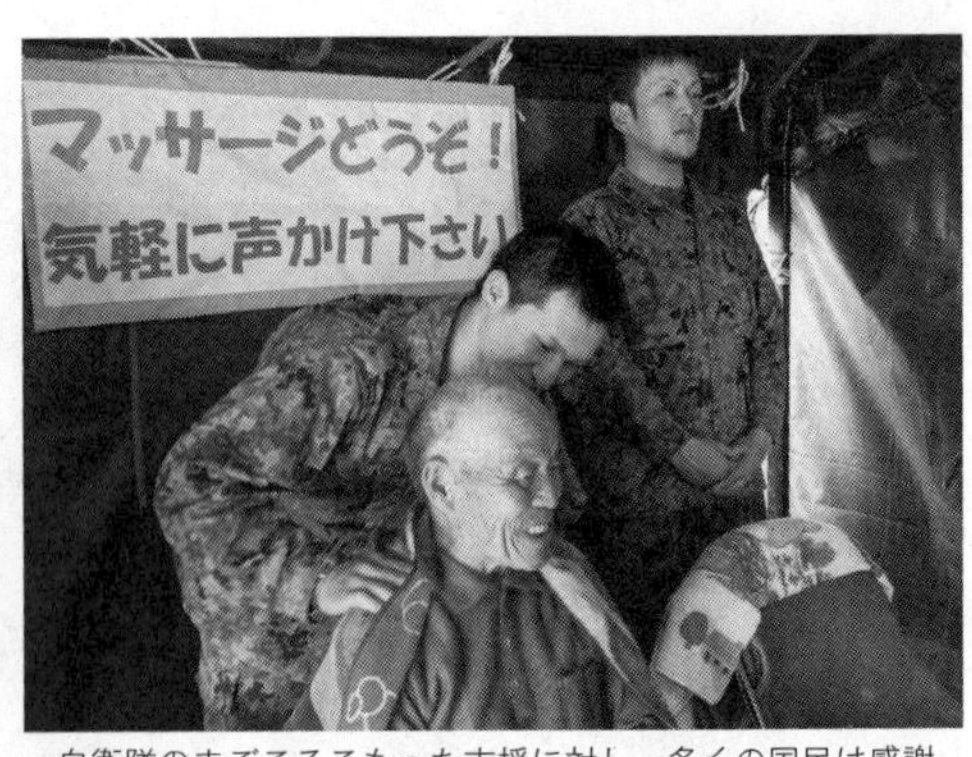

自衛隊のまごころこもった支援に対し、多くの国民は感謝している

してきたように。

私が災害現場を取材して回った結果、何とかしなければと気が付いたのが排泄に関すること だった。どこの避難所もトイレはヒドイ有様だった。水が流れていないので、便器に大きい方がどんどんたまっていき、悪臭を放っていた。女性はその辺で、というわけにはいかず、そんな状態でもトイレを使うしかない。東日本大震災の時、宮城県内のある避難所で、話を聞いた年配の女性は、「トイレに行きたくなくて、なるべく飲んだり食べたりしないようにしています……」と話した。これでは、体を壊してしまう。シモの話はあまり表だって話しづらいものであり、自治体も発災直後はトイレも自分たちで何とかして欲しい、とは思っていても、なかなか伝えらえずにいるようだ。

まずはわれわれの自助努力、続いて自衛隊に代表される公助、という順番であることを忘れずにいたい。

●国際緊急援助隊の活動

20世紀は〝戦争の世紀〟と言われている。世界を巻き込む大きな戦争が2度も起き、たくさんの悲しみが地球を覆った。そこで、21世紀こそ、人類は平和を望むも、残念ながら戦争の悲劇は繰り返されている。

しかし、大きく変わったのは、災害に対する世界の考え方だ。日本がそうであったように、世界でも災害から国民を守ることは大切であると考えている。そしてもしどこかの国が災害に見舞われてしまったら、国境や主義主張を超えて助け合うものとなった。

2008年5月12日、中国の四川省でマグニチュード8・0の大地震が発生した。後に「四川大地震」と命名される。人民解放軍など15万人の救助部隊で対処したが、行方不明者の捜索は難航する。日本は、消防ハイパーレスキューをふくむ国際緊急援助隊を準備した。中国共産党は、自衛隊の支援は拒否した。しかし、日本がこれまで培ってきた救助のノウハウは、必ず国民の役に立つものとして、救助専門部隊ならばと受け入れた。これでも日中両国の関係を考えれば画期的なことだ。この時の日本救助隊のある写真が中国国民の心を打った。捜索の結果、残念ながらご遺体となって運び出された人がいた。日本の救助部隊はこのご遺体に手を合わせて黙とうをささげた。その様子を収めた写真が新聞に掲載されると、日本人のやさしさに多くの中国国民が感動した。

自衛隊も国際緊急援助隊として、多くの国で活動を行なっている。そして現地の人に感謝されてきた。

これからも自衛隊は国内外で〝人を救う〟組織であり続けるだろう。

単行本　令和元年四月「なぜ自衛隊だけが人を救えるのか」改題　潮書房光人新社刊
装　幀　伏見さつき
ＤＴＰ　佐藤敦子

産経NF文庫

自衛隊だけが日本を救える

二〇二二年十月二十二日　第一刷発行

著　者　菊池雅之
発行者　皆川豪志

発行・発売　株式会社　潮書房光人新社
〒100-8077　東京都千代田区大手町一-七-二
電話／〇三-六二八一-九八九一代
印刷・製本　凸版印刷株式会社

ISBN978-4-7698-7052-4　C0195
http://www.kojinsha.co.jp

産経NF文庫の既刊本

本音の自衛隊

桜林美佐

自衛隊は与えられた条件下で、最大限の成果を追求する。たとえ自らの骨を削り、肉を裂くことになっても、血を流しながら、身を粉にして、彼らは任務を遂行しようとするだろう。(「序に代えて」より)訓練、災害派遣、国際協力……任務遂行に日々努力する自衛官たちの心意気。

定価891円(税込)　ISBN 978-4-7698-7045-6

日本に自衛隊がいてよかった

自衛隊の東日本大震災

桜林美佐

誰かのために―平成23年3月11日、日本を襲った未曾有の大震災。被災地に入った著者が見たものは、甚大な被害の模様とすべてをなげうって救助活動にあたる自衛隊員の姿だった。自分たちでなんでもこなす頼もしい集団の闘いの記録、みんな泣いた自衛隊ノンフィクション。

定価836円(税込)　ISBN 978-4-7698-7009-8

産経NF文庫の既刊本

就職先は海上自衛隊

女性「士官候補生」誕生

時武里帆

一般大学を卒業、ひょんなことから海上自衛隊幹部候補生学校に入った文系女子。そこで待っていたのは、旧海軍兵学校の伝統を受け継ぐ厳しいしつけ教育、短艇訓練、八マイル遠泳…女性自衛官として初めて遠洋練習航海に参加、艦隊勤務も経験した著者が描く士官のタマゴ時代。

定価924円(税込)　ISBN 978-4-7698-7049-4

素人のための防衛論

市川文一

複雑に見える防衛・安全保障問題も、実は基本となる部分は難しくない。ウクライナ侵攻はなぜ起きたか、どうすれば侵略を防げるか、防衛を考えるための基礎を簡単な数字を使ってわかりやすく解説。軍事の専門家・元陸自将官が書いたやさしくて深い防衛論。

定価880円(税込)　ISBN 978-4-7698-7047-0